高等学校能源动力类专业应用型本科系列教材

能源与动力工程专业实验指导书

主 编 伏 军 邓清方

中国水利水电出版社
www.waterpub.com.cn
·北京·

内 容 提 要

本书是能源与动力工程专业的实验指导书，体裁新颖，实验内容紧密结合能源与动力工程实践，从工程应用的角度，全面介绍了能源与动力工程专业基础课和专业课的实用实验技术。实验有认知、验证、综合、创新设计四大类型。实验项目设置科学，注重先进性、开放性，将教学成果转化为实验教学资源，形成了适应专业特点和行业需求完整的实验课程体系。使用本书，能培养学生严谨的工作作风和认真负责的工作态度，并增强学生的动手能力和工程实践能力。

本书共分 2 个部分，分别为基础课和专业课，其中基础课 6 章，专业课 11 章。

本书可作为普通高等院校能源与动力工程专业的实验教材，也可供高职、高专、职业培训的师生、实验室工作人员及工程技术人员参考。

图书在版编目（CIP）数据

能源与动力工程专业实验指导书 / 伏军，邓清方主编. -- 北京 ：中国水利水电出版社，2022.9
高等学校能源动力类专业应用型本科系列教材
ISBN 978-7-5226-0957-7

Ⅰ. ①能… Ⅱ. ①伏… ②邓… Ⅲ. ①能源－实验－高等学校－教学参考资料②动力工程－实验－高等学校－教学参考资料 Ⅳ. ①TK-33

中国版本图书馆CIP数据核字(2022)第157107号

书　　名	高等学校能源动力类专业应用型本科系列教材 **能源与动力工程专业实验指导书** NENGYUAN YU DONGLI GONGCHENG ZHUANYE SHIYAN ZHIDAOSHU
作　　者	主编　伏军　邓清方
出版发行	中国水利水电出版社 （北京市海淀区玉渊潭南路 1 号 D 座　100038） 网址：www.waterpub.com.cn E-mail：sales@mwr.gov.cn 电话：(010) 68545888（营销中心）
经　　售	北京科水图书销售有限公司 电话：(010) 68545874、63202643 全国各地新华书店和相关出版物销售网点
排　　版	中国水利水电出版社微机排版中心
印　　刷	天津嘉恒印务有限公司
规　　格	184mm×260mm　16 开本　12.5 印张　304 千字
版　　次	2022 年 9 月第 1 版　2022 年 9 月第 1 次印刷
印　　数	0001—2000 册
定　　价	**39.00 元**

前　言

　　能源与动力工程是经济和社会发展的重要支柱，直接关系到国民经济的发展和人民生活水平的提高。当前能源与动力工程学科进入了一个全新的发展阶段，建设一流的人才培养模式和体系的新思想、新理论、新思路、新举措已成为发展趋势。以培养应用型人才为主要任务的地方院校面临新的挑战。高等学校实验室承担着培养高级专门人才，提高学生工程实践能力、创新能力的重要任务，是学校教学、科研工作的重要组成部分，是知识创新、技术开发的重要基地。

　　邵阳学院机械与能源工程学院的能源与动力工程专业是教育部特色专业、湖南省重点建设专业及特色专业，是教育部地方高校第一批本科专业综合改革试点项目。

　　为了顺应能源与动力工程学科高等教育发展的新形势，邵阳学院机械与能源工程学院组织了本教材的编写，从整体来看，本教材具有以下特点：

　　（1）符合我国普通高等工科院校能源与动力工程专业的培养目标。

　　（2）为适应应用型本科院校能源与动力工程专业学生的实验要求，考虑到多数院校的实验课时有限，本教材对部分课程的验证性实验进行了适量的删减，而部分课程因实验设备的更新，增加了综合性实验和开放性实验。

　　（3）考虑到本教材主要针对能源与动力工程专业学生，故本教材包含能源与动力工程专业基础课和专业课的实验内容，以尽可能满足本专业学生的需求。

　　（4）具有叙述简单、深入浅出、直观形象、图文并茂等特点。

　　本教材由伏军、邓清方主编。参与编写工作的老师有：王海容、危洪清（第一章），陈国新、吴海江（第二章），肖飚、肖彪（第三章），肖飚、曾娣平（第四章），申爱玲、戴正强（第五章），钟新宝、周东一、刘长青、武德智、王文军（第六章），李冬英、刘志辉（第七章），刘长青（第八章），武德智（第九章），钟新宝、张俊霞（第十章），陈茂（第十一章、第十二章），周东一（第十三章、第十五章），王红梅（第十四章、第十六章），黄启科、伏军（第十七章）。

在编写过程中，我们参考了很多文献，在此对这些文献的作者表示衷心的感谢！

由于编者水平有限，书中难免有错误和不妥之处，恳请读者批评指正，编者不胜感谢！

编者

2022 年 5 月

目 录

第 一 篇

基 础 课

第一章 工 程 力 学

实验一 低碳钢和铸铁的拉伸实验

拉伸实验是测定材料力学性能的最基本、最重要的实验之一。由本实验所测得的结果，可以说明材料在静拉伸下的一些性能，诸如材料对载荷的抵抗能力的变化规律，材料的弹性、塑性、强度等重要机械性能，这些性能是工程上合理选用材料和进行强度计算的重要依据。

一、实验目的

（1）测定拉伸时低碳钢的屈服极限 σ_s、强度极限 σ_b、延伸率 δ、截面收缩率 ψ 和铸铁的强度极限 σ_b。

（2）观察低碳钢和铸铁在拉伸过程中的表现，绘出外力 F 和变形 ΔL 之间关系的拉伸图（F - ΔL 曲线）。

（3）比较低碳钢和铸铁两种材料的拉伸性能和断口情况。

（4）掌握电子万能材料试验机的工作原理和使用方法。

二、实验仪器

（1）WD - P6105 微机控制电子万能材料试验机，如图 1 - 1 - 1 所示。

（2）游标卡尺。

图 1 - 1 - 1 WD - P6105 微机控制
电子万能材料试验机

三、试件

拉伸实验所用的试件都是符合国家标准《金属材料 拉伸试验 第 1 部分：室温试验方法》（GB/T 228.1—2010）规定的标准试件，形状如图 1 - 1 - 2 所示。

图中 L_0 称为原始标距，试件的拉伸变形量一般由这一段的变形来测定，两端较粗部分是为了便于装入试验机的夹头内。d_0 为试件原始直径，为了使实验测得的结果可以互相比较，通常 $L_0=5d_0$ 或 $L_0=10d_0$。

对于一般材料的拉伸实验，应按国家标准做成矩形截面试件。其截面面积和试件标距关系为 $L_0=11.3\sqrt{S_0}$ 或 $L_0=5.65\sqrt{S_0}$，S_0 为标距段内的原始横截面积。

四、实验原理

（一）低碳钢的拉伸实验

低碳钢的拉伸图全面而具体地反映了整个变形过程。试验机软件自动绘出的拉伸曲线如图 1-1-3 所示。图中横坐标为试件拉伸长度 ΔL，纵坐标为拉力 F。

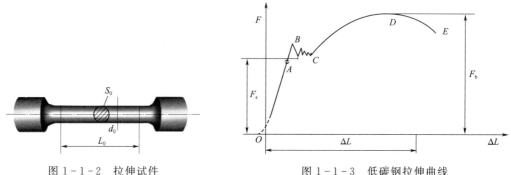

图 1-1-2　拉伸试件　　　　　　　　　图 1-1-3　低碳钢拉伸曲线

在实验之初，绘出的拉伸图是一段曲线，如图中虚线所示，这是因为试件开始变形之前机器的机件之间和试件与夹具之间留有空隙，所以当实验刚刚开始时，在拉伸图上首先产生虚线所示的线段，继而逐步夹紧，最后只留下试件的变形。为了消除在拉伸图起点处发生的曲线段，须将图形的直线段延长至坐标系横轴，所得相交点 O 即为拉伸图之原点。随着载荷的增加，图形沿倾斜的直线上升，到达 A 点及 B 点。过 B 点后，低碳钢进入屈服阶段（锯齿形的 BC 段），B 点为上屈服点，即屈服阶段中力首次下降前的最大载荷，用 F_{su} 来表示。对有明显屈服现象的金属材料，一般只需测试下屈服点，即应测定屈服阶段中不计初始瞬时效应时的最小载荷，用 F_s 来表示。对试件连续加载直至拉断，测出最大载荷 F_b。可计算出低碳钢的屈服极限为

$$\sigma_s = \frac{F_s}{S_0} \tag{1-1-1}$$

强度极限为

$$\sigma_b = \frac{F_b}{S_0} \tag{1-1-2}$$

关闭机器，取下拉断的试件，将断裂的试件紧对到一起，用游标卡尺测量出断裂后试件标距间的长度 L_1，则低碳钢的延伸率为

$$\delta = \frac{L_1 - L_0}{L_0} \times 100\% \tag{1-1-3}$$

将断裂试件的断口紧对在一起，用游标卡尺量出断口（细颈）处的直径 d_1，计算出面积 S_1，则低碳钢的截面收缩率为

$$\psi = \frac{S_0 - S_1}{S_0} \times 100\% \tag{1-1-4}$$

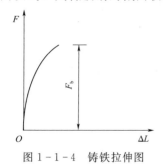

图 1-1-4　铸铁拉伸图

（二）铸铁的拉伸实验

用游标卡尺在试件标距范围内测量中间和两端三处直径 d，取最小值计算试件截面面积，根据铸铁的强度极限 σ_b，估计拉伸试件的最大载荷。开动机器，缓慢均匀加载直到断裂为止，记录最大载荷 F_b，观察自动绘图装置上的曲线，如图 1-1-4 所示。将最大载荷值 F_b 除以试件的原始截面积

S，就得到铸铁的强度极限 $\sigma_b = F_b/S$。因为铸铁为脆性材料，在变形很小的情况下会断裂，所以铸铁的延伸率和截面收缩率很小，很难测出。

五、实验步骤

测定一种材料的力学性能，一般用一组试件（3～6根）来进行，而且应该尽可能测出每一根试件所要求的性能。低碳钢和铸铁拉伸实验的基本实验步骤如下：

（1）按照表 1-1-1 测量出试件尺寸。在标距内取中间及两端三个截面位置按两个相互垂直方向用游标卡尺各测一次，计算每个位置所测结果的平均值，并取其中最小值作为直径 d_0。

表 1-1-1　　　　　　　　　　实 验 前 试 样 尺 寸

材　料	原始标距 L_0/mm	原　始　直　径 d_0/mm									原始横截面面积 S_0/mm²
		截面 1			截面 2			截面 3			
		(1)	(2)	平均	(1)	(2)	平均	(1)	(2)	平均	
低碳钢											
铸铁											

（2）如图 1-1-2 所示，在试件上做好标距，标距 L_0 取 $10d_0$（或 $5d_0$），在标距间分若干等分格，画上线纹。

（3）启动试验机的动力电源及计算机的电源，检查试验机状态是否正常。

（4）调出试验机计算机的控制软件，按提示逐步进行操作，将表 1-1-1 中的参数输入到控制软件中。

（5）将试件装入试验机，并将试件两端夹紧。

（6）估算试件破坏时的最大载荷，在计算机上选择适当的量程；调 0，回到实验初始状态。

（7）选择合适的加载速度，启动试验机进行加载。试验进行中，要注意观察试件变形，要密切注意其现象与特征；实验完成，保存记录数据，并画下草图。

（8）卸载。取下试件，关闭试验机的动力系统及计算机系统。

六、实验结果处理

（1）根据实验记录，算出低碳钢材料的屈服极限、强度极限、断面收缩率、延伸率以及铸铁材料的强度极限等力学性能数据，并将实验数据以表格形式给出。

（2）将不同材料在不同受力状态下的力学性能特点及破坏情况进行分析比较，参考表 1-1-2 绘制低碳钢、铸铁试件的拉伸图，绘制低碳钢、铸铁试件的断口示意简图。

表 1-1-2　　　　　　　　实 验 后 试 样 尺 寸 和 形 状

低碳钢试件断裂后标距长度 L_1/mm	断口（颈缩处最小直径 d_1/mm）			断口处最小横截面面积 S_1/mm²
	(1)	(2)	平均	
低碳钢和铸铁试件拉伸曲线图	低　碳　钢		铸　铁	
低碳钢和铸铁试件断裂后简图				

（3）分析低碳钢和铸铁材料的破坏原因。

七、预习报告与分析讨论

（1）根据所学专业要求不同选择不同的试件材料与破坏形式做比较实验。

（2）预先对不同材料的机械性能、特点及不同破坏形式下的力学性能有所了解。

（3）了解所需仪器设备的原理、使用方法及注意事项。

（4）预先了解不同受力情况下各阶段将出现的特性。

（5）对试件断口形状进行描述，并分析破坏原因。

实验二　低碳钢和铸铁的压缩实验

一、实验目的

（1）观察低碳钢，铸铁压缩时的变形和破坏现象，并进行比较。

（2）测定压缩时低碳钢的屈服极限σ_s和铸铁的强度极限σ_b。

（3）掌握电子万能材料试验机的原理及操作方法。

二、实验设备

（1）WD－P6105 微机控制电子万能材料试验机，如图 1－1－1 所示。

（2）游标卡尺。

三、试件

低碳钢和铸铁等金属材料的压缩试件一般制成圆柱形，试件都是符合国家标准《金属压缩试验方法》（GB/T 7314—1987）规定的标准试件，如图 1－2－1 所示，试件初始高 h，初始直径 d，初始横截面积 S_0，并规定 $2.5 \leqslant \dfrac{h}{d} \leqslant 3.5$。

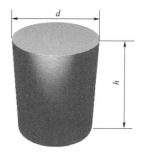

图 1－2－1　用于压缩
实验时的试件

四、实验原理

图 1－2－2 为低碳钢试件的压缩图，在弹性阶段和屈服阶段，它与拉伸时的形状基本上是一致的，而且 F_s 也基本相同。由于低碳钢的塑性好，试件越压越粗，不会破坏，所以没有强度极限。横向膨胀在试件两端受到试件与承垫之间巨大摩擦力的约束，试件被压成鼓状；进一步压缩，会压成圆饼状，低碳钢试件压不坏。低碳钢的屈服极限为

$$\sigma_s = \frac{F_s}{S_0} \tag{1-2-1}$$

图 1－2－3 为铸铁试件的压缩图，$F－\Delta L$ 曲线比同材料的拉伸曲线要高 4～5 倍，当达到最大载荷 F_b 时，铸铁试件会突然破裂，断裂面法线与试件轴线大致成 $45°～55°$ 的倾角。铸铁的强度极限为

$$\sigma_b = \frac{F_b}{S_0} \tag{1-2-2}$$

五、实验步骤

（1）参考表 1－2－1，用游标卡尺测出试件的初始直径 d 和初始高度 h。

表 1 - 2 - 1 试件几何尺寸及测定屈服和极限载荷的实验记录

材料	试 件 几 何 尺 寸					高度 h_0/mm	面积 S_0/mm^2	屈服载荷 F_s/kN	极限载荷 F_b/kN
	直径 d_0/mm								
低碳钢	方向 1		方向 2		平均				
铸铁	方向 1		方向 2		平均				

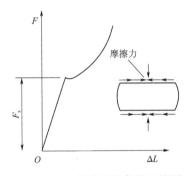

图 1 - 2 - 2 低碳钢试件的压缩图

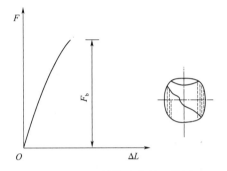

图 1 - 2 - 3 铸铁试件的压缩图

（2）检查试验机的各种限位是否在实验状态下就位。

（3）启动试验机的动力电源及计算机的电源。

（4）调出试验机的控制操作软件，按提示逐步进行操作，设置好参数。估算最大载荷，选择合适的最大量程。

（5）安装试件。将试件两端面涂油，置于试验机下压头上，注意放在下压头中心，以保证力线与试件轴线重合。控制软件调 0，回到试验初始状态。

（6）根据实验设定，启动试验机进行加载，注意观察试验中的试件及计算机上的曲线变化。对低碳钢试件应注意观察屈服现象，并记录下屈服载荷。因其越压越扁，压到一定程度即可停止试验。对于铸铁试件，应压到破坏为止，记下最大载荷。实验完成，保存记录数据。

（7）卸载。取下试件，观察试件受压变形或破坏情况，并画下草图。

（8）关闭试验机的动力系统及计算机系统。

六、实验记录及结果的整理

根据两种典型材料的压缩曲线，比较它们在压缩过程中的变形和破坏现象，给出强度指标和试样破坏简图。分析试验误差原因，并对试验结果进行讨论，参考表 1 - 2 - 2。

表 1 - 2 - 2 低碳钢和铸铁压缩的力学性能比较

材料	低 碳 钢		铸 铁	
	实 验 前	实 验 后	实 验 前	实 验 后
试样草图				

续表

材料	低 碳 钢	铸 铁
实验数据	屈服极限 $\sigma_s = \dfrac{F_s}{S_0} = \quad$ MPa	强度极限 $\sigma_b = \dfrac{F_b}{S_0} = \quad$ MPa
压缩曲线示意图	F 对 ΔL 坐标图	F 对 ΔL 坐标图

（1）低碳钢压缩时的强度指标 σ_s。

（2）铸铁压缩时的强度指标 σ_b。

七、讨论与思考

（1）由低碳钢和铸铁的拉伸和压缩实验结果，比较塑性材料和脆性材料的力学性质以及它们的破坏形式。

（2）试比较铸铁在拉伸和压缩时的不同点。

（3）为什么铸铁试件在压缩时沿着与轴线大致成45°的斜线截面破坏？

（4）低碳钢试件压缩后为什么成鼓状？

实验三　低碳钢和铸铁的扭转实验

一、实验目的

（1）测定铸铁的扭转强度极限 τ_b。

（2）测定低碳钢的扭转屈服极限 τ_s 及扭转强度极限 τ_b。

（3）观察比较两种材料在扭转变形过程中的各种现象及其破坏形式，并对试件断口进行分析。

二、实验设备

（1）TNW-500 电子扭转试验机，如图 1-3-1 所示。

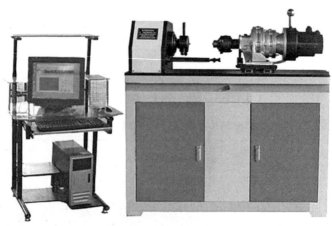

图 1-3-1　TNW-500 电子扭转试验机

（2）游标卡尺。

三、试件

根据《金属室温扭转试验方法》（GB/T 10128—1988）规定，扭转试件可采用圆形截面，也可采用薄壁管，对于圆形截面试件，推荐采用直径 $d_0 = 10\text{mm}$，标距 $L_0 = 50\text{mm}$ 或 100mm，平行段长度 $L = L_0 + 2d_0$。本实验采用圆形截面试件，如图 1-3-2 所示。

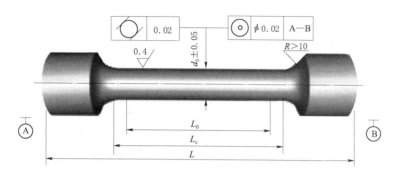

图 1-3-2　用于扭转实验时的试件

四、实验原理

低碳钢扭转时的扭矩-扭转角（$T-\varphi$）曲线如图 1-3-3 所示。

低碳钢试件在受扭的最初阶段，扭矩 T 与扭转角 φ 成正比关系（图 1-3-3），横截面上剪应力 τ 沿半径线性分布，如图 1-3-4（a）所示。随着扭矩 T 的增大，横截面边缘处的剪应力首先达到剪切屈服极限 τ_s 且塑性区逐渐向圆心扩展，形成环形塑性区，但中心部分仍是弹性的，如图 1-3-4（b）所示。试件继续变形，屈服从试件表层向心部扩展直到整个截面几乎都是塑性区，如图 1-3-4（c）所示。此时在 $T-\varphi$ 曲线上出现屈服平台（图 1-3-3），试验机的扭矩读数基本不动，对应的扭矩即为屈服扭矩 T_s。随后，材料进入强化阶段，变形增加，扭矩随之增加，直到试件破坏为止。因扭转无颈缩现象，所以扭转曲线一直上升直到破坏，试件破坏时的扭矩即为最大扭矩 T_b。由

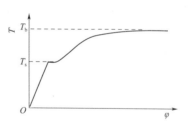

图 1-3-3　低碳钢的扭转图

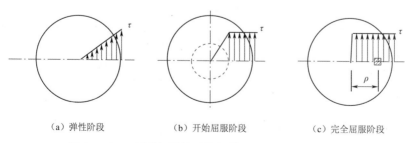

（a）弹性阶段　　　　　（b）开始屈服阶段　　　　　（c）完全屈服阶段

图 1-3-4　低碳钢圆轴试件扭转时的应力分布示意图

$$T_s = \int_A \rho \tau_s \mathrm{d}A = \tau_s \int_0^{d/2} \rho (2\pi\rho\mathrm{d}\rho) = \frac{4}{3}\tau_s W_t \tag{1-3-1}$$

可得低碳钢的扭转屈服极限为

$$\tau_s = \frac{3T_s}{4W_t} \tag{1-3-2}$$

同理，可得低碳钢扭转时强度极限为

$$\tau_b = \frac{3T_b}{4W_t} \tag{1-3-3}$$

式中：W_t 为抗扭截面模量，$W_t = \frac{\pi}{16}d^3$。

铸铁试件受扭时，在很小的变形下就会发生破坏，其扭转图如图 1-3-5 所示。从扭转开始直到破坏为止，扭矩 T 与扭转角 φ 近似成正比关系，且变形很小，横截面上剪应力沿半径为线性分布。试件破坏时的扭矩即为最大扭矩 T_b，铸铁材料的扭转强度极限为

$$\tau_b = \frac{T_b}{W_t} \tag{1-3-4}$$

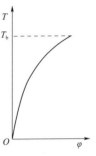

图 1-3-5 铸铁
材料的扭转图

五、实验步骤

（1）参考表 1-3-1 测量低碳钢和铸铁试件直径 d_0，并在低碳钢试件上画一条轴向线和两条圆周线，用以观察其扭转变形。

（2）检查试验机设备状态是否正常，打开设备电源以及配套计算机操作软件。

（3）选择合适的量程，应使最大扭转处于量程的 50%～80% 范围内，设定修正系数。

（4）装夹试件，使其在夹头的中心位置，然后通过控制软件启动实验。

（5）低碳钢扭转破坏实验时，观察线弹性阶段、屈服阶段的力学现象，记录屈服点扭矩值 T_s；试件扭断后，记录最大扭矩值 T_b，观察断口特征。

（6）铸铁扭转破坏实验时，试件扭断后，记录铸铁试件的最大扭矩 T_b，观察断口特征。

（7）实验结束后，记录好实验数据，关闭软件，关闭计算机系统和试验机电源。

六、实验结果整理

（1）参考表 1-3-1 和表 1-3-2，将实验数据以表格形式给出。

表 1-3-1　　　　　　　　　试件尺寸及抗扭截面系数

试件	直 径 d/mm									最小平均直径 d_0/mm	抗扭截面系数 W_t/mm³
	截 面 1			截 面 2			截 面 3				
	方向（1）	方向（2）	平均	方向（1）	方向（2）	平均	方向（1）	方向（2）	平均		
低碳钢											
铸铁											

表 1 - 3 - 2　　　　　　　　　低碳钢和铸铁扭转的力学性能比较

试件	低　碳　钢		铸　铁
实验数据	屈服扭矩 $T_s =$ 　　 N·m 最大扭矩 $T_b =$ 　　 N·m		最大扭矩 $T_b =$ 　　 N·m
	扭转屈服应力: $\tau_s = \dfrac{3T_s}{4W_t} =$ 　　 MPa 扭转极限应力: $\tau_b = \dfrac{3T_b}{4W_t} =$ 　　 MPa		剪切强度极限应力 $\tau_b = \dfrac{T_b}{W_t} =$ 　　 MPa
扭转图	（扭转图 T-φ）		（扭转图 T-φ）

（2）计算低碳钢的屈服极限 τ_s 及扭转条件强度极限 τ_b。

七、讨论与思考

（1）根据低碳钢和铸铁的拉伸、压缩和扭转三种实验结果，分析总结两种材料的机械性质。

（2）低碳钢拉伸屈服极限和剪切屈服极限有何关系？

（3）低碳钢扭转时圆周线和轴向线如何变化？与扭转平面假设是否相符？

（4）根据低碳钢和铸铁的扭转断口特征，分析两种材料扭转破坏的原因。

实验四　纯弯曲梁的正应力电测实验

一、实验目的

（1）掌握电测法的基本原理。

（2）熟悉静态电阻应变仪的使用方法。

（3）测定矩形截面梁承受纯弯曲时的正应力分布，并与理论计算结果进行比较；以验证弯曲正应力公式。

二、实验设备

（1）FCL-Ⅰ型材料力学多功能实验装置，如图 1 - 4 - 1 所示。

（2）HD-16A 静态电阻应变仪，如图 1 - 4 - 2 所示。

图 1 - 4 - 1　FCL-Ⅰ型材料力学
　　　多功能实验装置

图 1 - 4 - 2　HD-16A 静态电阻应变仪

（3）钢尺。

三、实验原理及方法

在纯弯曲条件下，根据平面假设和纵向纤维间无挤压的假设，可得到梁横截面上任一点的正应力，理论应力值计算公式为

$$\sigma_{理} = \frac{My}{I_z} \tag{1-4-1}$$

式中：M 为弯矩；I_z 为横截面对中性轴的惯性矩；y 为所求应力点至中性轴的距离。

如图 1-4-3 所示，为了测量梁在纯弯曲时横截面上正应力的分布规律，在梁的纯弯曲段沿梁侧面不同位置 y_i（—20mm、—10mm、0mm、10mm 和 20mm），平行于轴线贴应变片。实验采用 1/4 桥测量方法。加载采用增量法，即每增加等量的载荷 ΔP（500N），测出各点的应变增量 $\Delta\varepsilon_i$，然后分别取各测点应变增量的平均值 $\overline{\Delta\varepsilon}_{实i}$，依次求出各点的应变增量，由胡克定律得到实测应力值

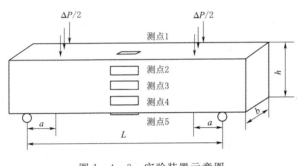

图 1-4-3 实验装置示意图

$$\sigma_{实i} = E\overline{\Delta\varepsilon}_{实i} \tag{1-4-2}$$

将实测应力值与理论应力值进行比较，以验证弯曲正应力公式。

四、实验步骤

（1）参考表 1-4-1 和表 1-4-2，设计好本实验所需的数据表格。

（2）拟订加载方案。为减少误差，先选取适当的初载荷 P_0（一般 $P_0 = 300$N 左右），估算 P_{max}，分级加载。

（3）根据加载方案，调整好实验加载装置。测量矩形截面梁的宽度 b、高度 h、跨度 L、载荷作用点到梁支点距离 a 及各应变片到中性层的位置坐标 y_i。

（4）按实验要求接线组成测量电桥后，调节应变仪的灵敏系数指针，并进行预调平衡。观察几分钟看应变仪指针有无漂移，正常后即可开始测量。

（5）加载。均匀缓慢加载至初载荷 P_0，记下各点应变的初始读数；然后分级等增量加载，每增加一级载荷，依次记录各点电阻应变片的应变值 ε_i，直到最终载荷。至少重复两次。

（6）做完实验后，卸掉载荷，关闭电源，整理好所用仪器设备，清理实验现场，将所用仪器设备复原，实验资料交指导教师检查签字。

五、实验记录及数据处理

实验中试件相关参考数据记录及其处理见表 1-4-1 和表 1-4-2。

表 1-4-1   试 件 相 关 参 考 数 据

应变片至中性层距离/mm		梁的尺寸和有关参数	
y_1	—20	宽度 $b=$	mm
y_2	—10	高度 $h=$	mm

续表

应变片至中性层距离/mm		梁的尺寸和有关参数	
y_3	0	跨度 $L=$	mm
y_4	10	载荷距离 $a=$	mm
y_5	20	弹性模量 $E=$	GPa
		泊松比 $\nu=$	
		轴惯性矩 $I_z=bh^3/12=$	m⁴

表 1-4-2   实 验 数 据

载荷/N		P	500	1000	1500	2000	2500	3000
		ΔP	500	500	500	500	500	
各测点电阻应变仪读数	1	ε_1						
		$\Delta\varepsilon_1$						
		平均值 $\overline{\Delta\varepsilon_1}$						
	2	ε_2						
		$\Delta\varepsilon_2$						
		平均值 $\overline{\Delta\varepsilon_2}$						
	3	ε_3						
		$\Delta\varepsilon_3$						
		平均值 $\overline{\Delta\varepsilon_3}$						
	4	ε_4						
		$\Delta\varepsilon_4$						
		平均值 $\overline{\Delta\varepsilon_4}$						
	5	ε_5						
		$\Delta\varepsilon_5$						
		平均值 $\overline{\Delta\varepsilon_5}$						

六、实验结果处理

（1）理论值计算。载荷增量为 $\Delta P=500N$，弯矩增量为 $\Delta M=\Delta P \cdot a/2$ （N·m），各点理论值计算公式为

$$\sigma_{理i}=\frac{\Delta M y_i}{I_z} \qquad (1-4-3)$$

（2）实验值计算。根据测得的各点应变值 ε_i 求出应变增量平均值 $\overline{\Delta\varepsilon_i}$，代入胡克定律公式计算各点的实验应力值。因 $1\mu\varepsilon=10^{-6}\varepsilon$，所以，各点实验应力为

$$\sigma_{实i}=E\varepsilon_{实i}=E\times\overline{\Delta\varepsilon_i}\times10^{-6} \qquad (1-4-4)$$

（3）理论值与实验值的比较。将理论值和实验值记入表 1-4-3，并计算相对误差。

表 1 - 4 - 3 　　　　　　　　　实 验 数 据 比 较

测点	理论值 $\sigma_{理i}$/MPa	实验值 $\sigma_{实i}$/MPa	相对误差
1			
2			
3			
4			
5			

（4）绘出理论应力值和实验应力值的分布图。分别以横坐标轴表示各测点的应力（$\sigma_{理i}$和$\sigma_{实i}$），以纵坐标轴表示各测点距梁中性层位置 y_i，选用合适的比例绘出理论应力值和实验应力值的分布图，如图 1 - 4 - 4 所示。

七、实验结果分析及讨论

（1）如实验值与理论值之间存在误差，试分析误差产生的原因。

（2）梁的材料是普通碳素钢，若 $[\sigma]=160\text{MPa}$，试计算此梁能承受的最大载荷。

（3）纯弯曲梁正应力测试中未考虑梁的自重，是否会引起实验结果误差？

（4）实验中弯曲正应力大小是否受材料弹性模量 E 的影响？

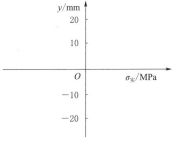

图 1 - 4 - 4　理论应力值和
实验应力值分布图

第二章 机 械 工 程 材 料

实验一 铁碳合金平衡组织分析

一、实验目的

(1) 观察和识别铁碳合金在平衡状态下的显微组织特征。

(2) 分析碳钢的含碳量与其平衡组织的关系。

(3) 进一步认识对平衡状态下铁碳合金的成分、组织、性能间的关系。

二、实验原理

(一) 碳钢和白口铸铁的平衡组织

平衡组织一般是指合金在极为缓慢冷却的条件下 (如退火状态) 所得到的组织。铁碳合金在平衡状态下的显微组织可以根据 $Fe-Fe_3C$ 相图来分析。由相图可知，所有碳钢和白口铸铁在室温时的显微组织均由铁素体 (F) 和渗碳体 (Fe_3C) 组成。但是，由于碳质量分数的不同、结晶条件的差别，铁素体和渗碳体的相对数量、形态、分布的混合情况均不一样，因而呈现各种不同特征的组织组成物。

(二) 各种相组分或组织组分的特征和性能

碳钢和白口铸铁的金相试样经侵蚀后，其平衡组织中各种相组分或组织组分的形态特征和性能如下。

1. 铁素体

铁素体是碳溶于 $\alpha-Fe$ 中形成的间隙固溶体。经 3%～5% 的硝酸酒精溶液侵蚀后，在显微镜下为白亮色多边形晶粒。在亚共析钢中，铁素体呈块状分布；当含碳量接近于共析成分时，铁素体则呈断续的网状分布于珠光体周围。铁素体具有良好的塑性及磁性，硬度较低，一般为 50～80HBW。

2. 渗碳体

渗碳体抗侵蚀能力较强，经 3%～5% 硝酸酒精溶液侵蚀后，在显微镜下观察同样呈白亮色。一次渗碳体呈长白条状分布在莱氏体之间，二次渗碳体呈网状分布于珠光体的边界上，三次渗碳体分布在铁素体晶界处，珠光体中的渗碳体一般呈片状。另外，经不同的热处理后，渗碳体可以呈片状、粒状或断续网状。渗碳体的硬度很高，可达 800HV 以上，但其强度、塑性都很差，是一种硬而脆的相。

3. 珠光体

珠光体是由铁素体片和渗碳体片相互交替排列形成的层片状组织。经 3%～5% 硝酸酒精溶液侵蚀后，在显微镜下观察其组织中的铁素体和渗碳体都呈白亮色，而铁素体和渗碳体的相界被侵蚀后呈黑色线条。实际上，珠光体在不同放大倍数的显微镜下观察时，具有不大一样的特征。在高倍（600倍以上）下观察时，珠光体中平行相间的宽条铁素体和细条渗碳体都呈亮白色，而其边界呈黑色；在中倍（400倍左右）下观察时，白亮色的渗碳体被黑色边界所"吞食"，而成为细黑条，这时看到的珠光体是宽白条铁素体和细黑条渗碳体的相间混合物；在低倍（200倍以下）下观察时，连宽白条的铁素体和细黑条的渗碳体也很难分辨，这时珠光体为黑色块状组织。由此可见，在其他条件相同情况下，当放大倍数不同时，同一组织所呈现的特征会不一样，所以在显微镜下鉴别金相组织首先要注意放大倍数。珠光体硬度为180HBW，且随层间距的变小硬度升高；强度较好，塑性和韧性一般。

4. 莱氏体

莱氏体在室温下是珠光体和渗碳体的机械混合物。渗碳体中包括共晶渗碳体和二次渗碳体，两种渗碳体相连在一起，没有边界线，无法分辨开来。经3%～5%硝酸酒精溶液侵蚀后，其组织特征是在白亮色渗碳体基体上分布着许多黑色点（块）状或条状珠光体。莱氏体硬度为700HV，性脆。它一般存在于含碳量大于2.11%的白口铸铁中，在某些高碳合金钢的铸造组织中也常出现。

（三）典型铁碳合金在室温下的显微组织特征

1. 工业纯铁

工业纯铁中碳的质量分数小于0.0218%，其组织为单相铁素体，呈白亮色的多边形晶粒，晶界为黑色的网络，晶界上有时分布着微量的三次渗碳体（Fe_3C_{III}）。工业纯铁的显微组织如图2-1-1所示。

2. 亚共析钢

亚共析钢中碳的质量分数为0.0218%～0.77%，其组织为铁素体和珠光体。随着钢中含碳量的增加，珠光体的相对量逐渐增加，而铁素体的相对量逐渐减少。45钢的显微组织如图2-1-2所示。

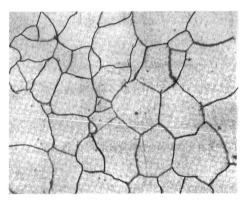 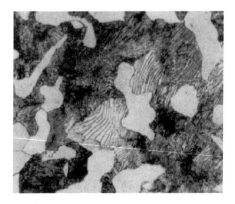

图2-1-1 工业纯铁的显微组织　　　　图2-1-2 45钢的显微组织

3. 共析钢

共析钢中碳的质量分数为0.77%，其室温组织为单一的珠光体。共析钢（T8钢）的显微组织如图2-1-3所示。

4. 过共析钢

过共析钢中碳的质量分数为 0.77%～2.11%，在室温下的平衡组织为珠光体和二次渗碳体。其中，二次渗碳体呈网状分布在珠光体的边界上。T12 钢的显微组织如图 2－1－4 所示。

在过共析钢中的二次渗碳体与亚共析钢中的初生铁素体，经硝酸酒精溶液侵蚀时均呈现白光亮色。有时为了区别白色网状晶界是铁素体还是渗碳体，可用碱性苦味酸钠水溶液腐蚀，此时渗碳体呈黑色，而铁素体仍为白色，这样就可以区别铁素体和渗碳体。T12 钢的显微组织（碱性苦味酸钠溶液侵蚀）如图 2－1－5 所示。

5. 亚共晶白口铸铁

亚共晶白口铸铁中碳的质量分数为 2.11%～4.3%，室温下的显微组织为珠光体、二次渗碳体和变态莱氏体。其中，变态莱氏体为基体，在基体上呈较大的黑色块状或树枝状分布的为珠光体，在珠光体枝晶边缘的一层白色组织为二次渗碳体。亚共晶白口铸铁的显微组织如图 2－1－6 所示。

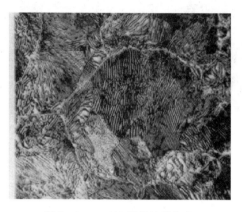

图 2－1－3　T8 钢的显微组织

图 2－1－4　T12 钢的显微组织

图 2－1－5　T12 钢的显微组织
（碱性苦味酸钠溶液侵蚀）

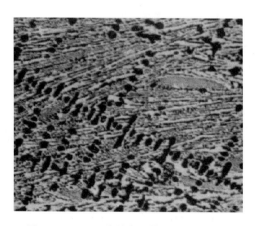

图 2－1－6　亚共晶白口铸铁的显微组织

6. 共晶白口铸铁

共晶白口铸铁中碳的质量分数为 4.3%，其室温下的显微组织为变态莱氏体，其中，渗碳体为白亮色基体，而珠光体呈黑色细条及斑点状分布在基体上。共晶白口铸铁的显微组织如图 2-1-7 所示。

7. 过共晶白口铸铁

过共晶白口铸铁中碳的质量分数为 4.3%～6.69%，室温下的显微组织为变态莱氏体和一次渗碳体，一次渗碳体呈白亮色条状分布在变态莱氏体的基体上。过共晶白口铸铁的显微组织如图 2-1-8 所示。

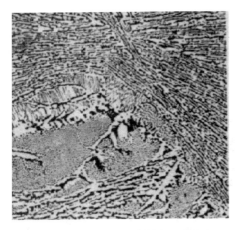

图 2-1-7 共晶白口铸铁的显微组织

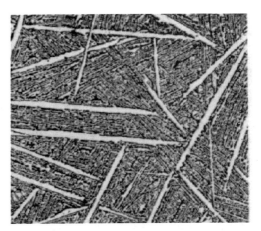

图 2-1-8 过共晶白口铸铁的显微组织

三、实验设备
实验设备使用光学金相显微镜。

四、试件
试件为各种铁碳合金的平衡组织标准金相试样。

五、实验内容与步骤
（1）在显微镜下仔细观察辨认表 2-1-1 中所列试样组织，研究每个样品的组织特征，并结合铁碳相图分析其组织形成过程。

表 2-1-1　　　　　　　　铁碳合金平衡状态下的金相试样

材 料	碳质量分数 w (C)/%	处理方法	显 微 组 织
工业纯铁	<0.0218	退火	单相铁素体
亚共析钢	0.0218～0.77	退火	铁素体+珠光体
共析钢	0.77	退火	珠光体
过共析钢	0.77～2.11	退火	珠光体+二次渗碳体
亚共晶白口铸铁	2.11～4.3	铸态	珠光体+二次渗碳体+变态莱氏体
共晶白口铸铁	4.3	铸态	变态莱氏体
过共晶白口铸铁	4.3～6.69	铸态	一次渗碳体+变态莱氏体

（2）绘出所观察试样的显微组织示意图（绘在规定的圆圈内），并用引线和符号标明各组织组成物的名称。绘图时要抓住各种组织组成物形态的特征，用示意的方法去画。组织示意图一律用铅笔绘制，必须在实验室内完成。

（3）实验结束后将显微镜卸载，关闭照明灯，交回试样，清整实验场地。

六、实验数据处理及结论

（1）画出所观察组织示意图，并填写材料名称、金相组织、处理方法、放大倍数、侵蚀剂。记录格式如图 2-1-9 所示。

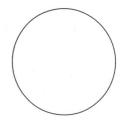

图 2-1-9　金相显微
组织记录格式

材料名称＿＿＿＿＿＿＿＿＿

金相组织＿＿＿＿＿＿＿＿＿

处理方法＿＿＿＿＿＿＿＿＿

放大倍数＿＿＿＿＿＿＿＿＿

侵 蚀 剂＿＿＿＿＿＿＿＿＿

（2）根据所观察的组织，说明碳含量对铁碳合金的组织和性能影响的大致规律。

七、注意事项

（1）在观察显微组织时，可先用低倍全面地进行观察，找出典型组织，然后再用高倍放大，对部分区域进行详细观察。

（2）在移动金相试样时，不得用手指触摸试样表面或将试样表面在载物台上滑动，以免引起显微组织模糊不清，影响观察效果。

（3）画组织示意图时，应抓住组织形态的特点，画出典型区域的组织，注意不要将磨痕或杂质画在图上。

八、讨论与思考

（1）渗碳体有哪几种？它们的形态有什么差别？

（2）珠光体组织在低倍观察和高倍观察时有何不同？

（3）怎样区别铁素体和渗碳体组织？

实验二　金属材料的硬度实验

一、实验目的

（1）了解布氏、洛氏和维氏硬度试验机的使用方法和实验原理。

（2）初步掌握布氏、洛氏硬度的测定方法和应用范围。

二、实验原理

硬度是指金属材料抵抗比它硬的物体压入其表面的能力。硬度越高，表明金属抵抗塑性变形的能力越大。由于硬度试验简单易行，又不会损坏零件，因此在生产和科研中应用广泛。

常用的硬度试验方法有：

——布氏硬度试验法，主要用于黑色、有色金属原材料检验，也可用于退火、正火钢铁零件的硬度测定。

——洛氏硬度试验法，主要用于金属材料热处理后的产品性能检测。

——维氏硬度试验法，主要用于薄板材或金属表层的硬度测定，以及较精确的硬度测定。

——显微硬度试验法，主要用于测定金属材料的组织组成物或相的硬度。

本实验重点介绍最常用的布氏硬度试验法、洛氏硬度试验法以及维氏硬度试验法。

（一）布氏硬度试验原理

布氏硬度试验是将一直径为 D 的硬质合金球，在规定的试验力 F 作用下压入被测金属表面，保持一定时间后卸除试验力，并测量出试样表面的压痕直径 d，根据所选择的试验力 F、球体直径 D 及所测得的压痕直径 d，求出被测金属的布氏硬度值 HBW。布氏硬度试验原理示意如图 2-2-1 所示，图 2-2-1 中 h 为压痕深度。布氏硬度值的大小就是压痕单位面积上所承受的压力，单位为 N/mm^2，但一般不标出。硬度值越高，表示材料越硬。在试验测量时，可由测出的压痕直径 d 直接查压痕直径与布氏硬度对照表而得到所测的布氏硬度值。

布氏硬度值的计算公式为

$$HBW = 0.102\frac{F}{S} = 0.102\frac{2F}{\pi D(D - \sqrt{D^2 - d^2})} \qquad (2-2-1)$$

式中：F 为试验力，N；D 为球体直径，mm；d 为压痕直径，mm；S 为压痕面积，mm^2。

布氏硬度试验方法和技术条件有相应的国家标准。实际测定时，应根据金属材料种类、试样硬度范围和厚度的不同，按照标准试验规范，选择球体直径、载荷及载荷保持时间。

（二）洛氏硬度试验原理

洛氏硬度试验是目前应用最广的试验方法，和布氏硬度试验一样，也是一种压入硬度试验，但它不是测定压痕的面积，而是测量压痕的深度，以深度的大小表示材料的硬度值。

洛氏硬度试验是以锥角为 $120°$ 的金刚石圆锥体或者直径为 1.588mm 的淬火钢球为压头，在规定的初载荷和主载荷作用下压入被测金属的表面，然后卸除主载荷。在保留初载荷的情况下，测出由主载荷所引起的残余压入深度 h，再由 h 确定洛氏硬度值 HR 的大小。洛氏硬度试验原理示意如图 2-2-2 所示。

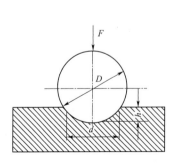

图 2-2-1 布氏硬度试验原理示意图

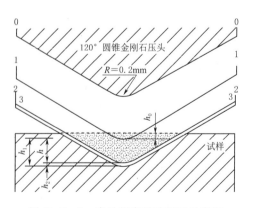

图 2-2-2 洛氏硬度试验原理示意图

洛氏硬度值的计算公式为

$$HR = K - \frac{h}{0.002} \tag{2-2-2}$$

式中：h 为残余压入深度，mm；K 为常数，当采用金刚石圆锥压头时 $K=100$，当采用淬火钢球压头时 $K=130$。

为了能用同一硬度计测定从极软到极硬材料的硬度，可以通过采用不同的压头和载荷，组成 15 种不同的洛氏硬度标尺，其中最常用的有 HRA、HRB、HRC 三种。其试验规范见表 2-2-1。

表 2-2-1　　　　　　　　常用的三种洛氏硬度试验规范

硬度符号	压头类型	总载荷/N	常用硬度值范围	应 用 举 例
HRA	120°金刚石圆锥	588.4	20～88HRA	碳化物、硬质合金、表面淬火钢等
HRB	φ1.588mm 淬火钢球	980.7	20～100HRB	软钢、退火或正火钢、铜合金等
HRC	120°金刚石圆锥	1471	20～70HRC	淬火钢、调质钢等

（三）维氏硬度试验原理

维氏硬度的测定原理基本上和布氏硬度相同，也是根据压痕单位面积上的载荷计量硬度值。维氏硬度试验原理示意如图 2-2-3 所示。所不同的是维氏硬度试验采用的是锥面夹角为 136°的正四棱锥体金刚石压头。试验时，在载荷 F 的作用下，试样表面上压出一个四方锥形的压痕，测量压痕对角线长度 d，借以计算压痕的锥形面积 S，以 F/S 的数值表示试样的硬度值，用符号 HV 表示。

维氏硬度值的计算公式为

$$HV = 0.102\frac{F}{S} = 0.1891\frac{F}{d^2} \tag{2-2-3}$$

式中：F 为试验力，N；S 为压痕锥形面积，mm^2；d 为压痕对角线长度，mm。

三、实验设备

布氏硬度计，洛氏硬度计，维氏硬度计。

四、试件

碳钢试样和标准硬度块。

五、实验内容与步骤

（1）熟悉各种硬度计的构造原理、使用方法及注意事项。

（2）在硬度计上测量碳钢试样或标准硬度块的压痕直径的水平长度和垂直长度，再取平均值，然后计算得到布氏硬度值，并记录试验结果。

（3）在硬度计上测定碳钢试样的洛氏硬度，每个试样至少测三个试验点，再取平均值，记录实验结果。

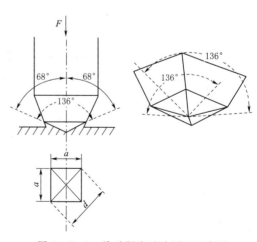

图 2-2-3　维氏硬度试验原理示意图

六、实验数据记录和结果整理

（1）实验前需自己设计表格，在实验时把实验数据认真填写到表格中，并计算出硬度的平均值。

（2）归纳总结布氏、洛氏、维氏硬度计的适用范围。

七、注意事项

（1）试样的试验表面应尽可能是光滑的平面，不应有氧化皮及外来污物。

（2）试样的坯料可采用各种冷热加工方法从原材料或机件上截取，但在试样制备过程应尽量避免各种操作因素引起的试样过热，造成试样表面硬度的改变。

（3）试样的厚度至少应为压痕深度的10倍。

八、讨论与思考

（1）布氏、洛氏、维氏硬度值能否进行比较？

（2）布氏、洛氏、维氏硬度值是否有单位，需要写单位吗？

（3）布氏、洛氏、维氏硬度试验方法各有哪些优缺点？

实验三 碳 钢 的 热 处 理

一、实验目的

（1）了解普通热处理（退火、正火、淬火和回火）的方法。

（2）分析碳钢在热处理时，加热温度、冷却速度及回火温度对其组织与硬度的影响。

（3）了解碳钢含碳量对淬火后硬度的影响。

二、实验原理

热处理是一种很重要的热加工工艺方法，也是充分发挥金属材料性能潜力的重要手段。热处理的主要目的是改变钢的性能，其中包括使用性能及工艺性能。钢的热处理工艺特点是将钢加热到一定的温度，经一定时间的保温，然后以某种速度冷却下来，通过这样的工艺过程能使钢的性能发生改变。

（一）加热温度选择

对碳钢进行退火、正火、淬火和回火热处理时，要求达到的温度也有不同。

1. 退火加热温度

钢的退火通常是把钢加热到临界温度 Ac_1 或 Ac_3 以上，保温一段时间，然后缓缓地随炉冷却。此时，奥氏体在高温区发生分解而得到比较接受平衡状态的组织。一般亚共析钢加热至 Ac_3 ＋（30～50）℃（完全退火），共析钢和过共析钢加热至 Ac_1 ＋（20～30）℃（球化退火），目的是得到球化体组织，降低硬度，改善高碳钢的切削性能，同时为最终热处理做好组织准备。

2. 正火加热温度

正火则是将钢加热到 Ac_3 或 Ac_{cm} 以上 30～50℃，保温后进行空冷。由于冷却速度稍快，与退火组相比，组织中的珠光体相对量较多，且片层较细密，所以性能有所改善。一般亚共析钢加热至 Ac_3 ＋（30～50）℃，过共析钢加热至 Ac_{cm} ＋（30～50）℃，即加热到奥氏体单相区。退火和正火加热温度范围选择如图 2－3－1 所示。

3. 淬火加热温度

淬火就是将钢加热到 Ac_3（亚共析钢）或 Ac_1（过共析钢）以上 $30\sim50℃$，保温后放入各种不同的冷却介质中快速冷却，以获得马氏体组织。碳钢经淬火后的组织由马氏体及一定数量的残余奥氏体所组成。加热温度范围选择如图 2-3-2 所示。

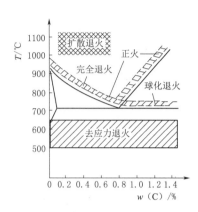

图 2-3-1 退火和正火的加热温度范围

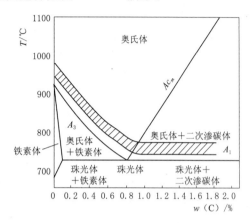

图 2-3-2 淬火的加热温度范围

在适宜的加热温度下，淬火后得到的马氏体呈细小的针状；若加热温度过高，其形成粗针状马氏体，使材料变脆甚至可能在钢中出现裂纹。

4. 回火加热温度

钢淬火后都需要进行回火处理，回火温度取决于最终所要求的组织和性能。通常按加热温度的高低将回火分为以下三类：

（1）低温回火：加热温度为 $150\sim250℃$。其目的主要是降低淬火钢中的内应力，减少钢的脆性，同时保持钢的高硬度和耐磨性。常用于高碳钢制的切削工具、量具和滚动轴承件及渗碳处理后的零件等。

（2）中温回火：加热温度为 $350\sim500℃$。其目的主要是获得高的弹性极限，同时有高的韧性。主要用于各种弹簧热处理。

（3）高温回火：加热温度为 $500\sim650℃$。其目的主要是使得钢既有一定的强度、硬度，又有良好冲击韧性的综合机械性能。通常把淬火后加高温回火的热处理称作调质处理。主要用于处理中碳结构钢，即要求高强度和高韧性的机械零件，如轴、连杆、齿轮等。

（二）保温时间的确定

在实验室进行热处理实验，一般采用各种电炉加热试样。当炉温升到规定温度时，即打开炉门装入试样。通常将工件升温和保温所需时间算在一起，统称为加热时间。

热处理加热时间实际上是将试样加热到淬火所需的时间及淬火温度停留所需时间的总和。加热时间与钢的成分、工件的形状尺寸、所用的加热介质、加热方法等因素有关，一般按照经验公式加以估算。一般规定，在空气介质中，升到规定温度后的保温时间，对碳钢来说，按工件厚度（或直径）$1\sim1.5min/mm$ 估算；合金钢按 $2min/mm$ 估算。在盐浴炉中，保温时间则可缩短一半以上。钢件在电炉中的保温时间可参考表 2-3-1。

表 2-3-1　　　　　　　　　　　钢件在电炉中的保温时间参考值

材　料	工件厚度或直径/mm	保温时间/min
碳钢	<25	20
	25~50	45
	50~75	60
低合金钢	<25	25
	25~50	60
	50~75	60

当工件厚度或直径小于 25mm 时，其保温时间可按每毫米保温 1min 计算。

（三）冷却方式和方法

热处理时冷却方式（冷却速度）影响着钢的组织和性能。选择适当的冷却方式，才能获得所要求的组织和性能。

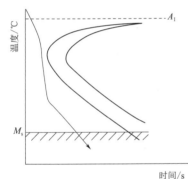

图 2-3-3　淬火时的理想冷却曲线

钢的退火一般采用随炉冷却到 600~550℃ 再出炉空冷；正火采用空气冷却；淬火时，钢在过冷奥氏体最不稳定的范围 650~550℃ 内冷却速度应大于临界冷却速度，以保证工件不转变为珠光体类型组织，而在 M_s 点附近时，冷却速度应尽可能慢些，以降低淬火内应力，减少工件的变形和开裂。理想的冷却曲线如图 2-3-3 所示。

淬火介质不同，其冷却能力不同，因而工件的冷却速度也就不同。合理选择冷却介质是保证淬火质量的关键。对于碳钢来说，用室温的水作淬火介质通常能保证得到较好的结果。

目前常用的淬火介质及其冷却能力数据见表 2-3-2。

表 2-3-2　　　　　　　　　　　常用的淬火介质及其冷却能力数据

淬　火　介　质	冷却速度/（℃/s）	
	在 650~550℃ 区间内	在 200~300℃ 区间内
水（18℃）	600	270
水（26℃）	500	270
水（50℃）	100	270
水（74℃）	30	200
10%苛性钠水溶液（18℃）	1200	300
10%氯化钠水溶液（18℃）	1100	300
矿物油（50℃）	150	30

（四）碳钢热处理后的组织

1. 碳钢的退火和正火组织

亚共析钢采用"完全退火"后，得到接近于平衡状态的显微组织，即铁素体加珠光体。共析钢和过共析钢多采用"球化退火"，获得在铁素体基体上均匀分布着粒状渗碳体的组织，该组织称为球状珠光体或球化体。球状珠光体的硬度比层片状珠光体低。亚共析钢的正火组织为铁素体加索氏体，共析钢的正火组织一般均为索氏体；过共析钢的正火组织为细片状珠光体及点状渗碳体。对于同样的碳钢，正火的硬度比退火的略高。

2. 钢的淬火组织

钢淬火后通常得到马氏体组织。当奥氏体中碳质量分数大于 0.5% 时，淬火组织为马氏体和残余奥氏体。马氏体可分为两类板条马氏体和片（针）状马氏体。

3. 淬火后的回火组织

回火是将淬火后的钢件加热到指定的回火温度，经过一定时间的保温后，空冷到室温的热处理操作。回火时引起马氏体和残余奥氏体的分解。

淬火钢经低温回火（150～250℃），马氏体内的过饱和碳原子脱溶沉淀，析出与母相保持着共格联系的 ε 碳化物，这种组织称为回火马氏体。回火马氏体仍保持针片状特征，但容易受侵蚀，故颜色要比淬火马氏体深些，是暗黑色的针状组织。回火马氏体具有高的强度和硬度，而韧性和塑性较淬火马氏体有明显改善。

淬火钢经中温回火（350～500℃）得到在铁素体基体中弥散分布着微小粒状渗碳体的组织，该组织称为回火托氏体。回火托氏体中的铁素体仍然基本保持原来针状马氏体的形态，渗碳体则呈细小的颗粒状，在光学显微镜下不易分辨清楚，故呈暗黑色的回火托氏体有较好的强度、最高的弹性、较好的韧性。

淬火钢高温回火（500～650℃）得到的组织称为回火索氏体，它是由粒状渗碳体和等轴形铁素体组成的混合物。回火索氏体具有强度、韧性和塑性较好的综合机械性能。

回火所得到的回火索氏体和回火托氏体与由过冷奥氏体直接分解出来的索氏体和托氏体在显微组织上是不同的，前者中的渗碳体呈粒状而后者则为片状。

三、实验设备和工具

箱式电阻炉及控温仪表，洛氏硬度计，冷却介质水和油，淬火水桶、长柄铁钳、砂纸等。

四、试件

45 钢、T10（T12）钢等热处理试样。

五、实验内容与步骤

（1）每 5 人一组，每组共同完成一套实验。领取 45 钢试样一套、T10（T12）钢试样一套。

（2）各组讨论并决定 45 钢试样的加热温度、保温时间，调整好控温装置，接着将一套 45 钢试样放入已升到合适温度的电炉中进行加热保温，然后分别进行炉冷、空冷与水冷，最后测定它们的硬度，并做好记录。

（3）各组讨论并决定 T10（T12）钢试样的加热温度、保温时间，调整好控温装置；接着将一套 T10（T12）钢试样放入已升到温度的电炉中进行加热保温；然后进行水冷，测定它们的硬度值,并做好记录;最后将水淬后的 T10(T12)钢分别放入 200℃、400℃、600℃的不同温度的电炉中进行回火,30min 后出炉空冷,再测量硬度,并做好记录。

(4)注意应将各种不同方法热处理后的样式用砂纸磨去两端面的氧化皮(以免影响硬度数值),再测定硬度。每个试样至少三个实验点,再取一个平均值。

六、实验数据处理及结论

(1)实验前需自己设计表格,在实验时把实验数据认真填写到表格中,并计算出硬度的平均值。

(2)分析冷却速度及回火温度对钢性能的影响(含碳量相同的试样)。

(3)分析含碳量对钢性能的影响(处理方法相同)。

七、注意事项

(1)淬火时,试样要用钳子夹住,动作要迅速,并不断在水中搅动,以免影响热处理质量。

(2)淬火或回火后的试样均要用砂纸打磨,去掉氧化皮后再测定硬度值。

(3)装取试样时炉门开启时间应尽量短,以延长电炉使用寿命。

八、讨论与思考

(1)45 钢常用的热处理是什么?它们的组织是什么?有何工程应用?

(2)退火状态的 45 钢试样分别加热到 600~900℃之间不同的温度后,在水中冷却,其硬度随加热温度如何变化?为什么?

(3)45 钢调质处理得到的组织和 T10(T12)钢球化退火得到的组织在本质、形态、性能上有何差异?

第三章　机　械　原　理

实验一　机构自由度计算以及测绘

一、实验目的

（1）掌握机构自由度的计算方法。

（2）熟悉机构运动简图的画法。

（3）分析机构具有确定运动的必要条件，加深对机构分析的了解。

（4）掌握高副低代的方法，并能熟悉运用。

二、实验原理和方法

由于机构的运动仅与机构中可动的构件数目、运动副的数目和类型及相对位置有关，因此，绘制机构运动简图要抛开构件的外形及运动副的具体构造，而用国家标准规定的简略符号来代表运动副和构件，并按一定的比例尺表示运动副的相对位置，以此说明机构的运动特征。

要正确地反映机构的运动特征，首先就必须清楚地了解机构的运动，其方法如下：

（1）在机构缓慢运动中观察，搞清运动的传动顺序，找出机构的原动件、从动件（包括执行机构）和固定构件（机架）。

（2）确定组成机构的可动构件数目以及构件之间所形成的相对运动关系（即组成何种运动副）。

（3）分析各构件的运动平面，选择多数构件的运动平面作为运动简图的视图平面。

（4）将机构停止在适当的位置（即能反映全部运动副和构件的位置），确定原动件，并选择适当比例尺，按照与实际机构相应的比例关系，确定其他运动副的相对位置，直到机构中所有运动副全部表示清楚。

（5）测量实际机构的运动尺寸，如转动副的中心距、移动副的方向、齿轮副的中心距等。

（6）按所测的实际尺寸，修改所画的草图并将所测的实际尺寸标注在草图上的相应位置，按同一比例尺将草图画成正规的运动简图。

（7）按运动的传递顺序用数字式 1、2、3、…和大写字母 A、B、C、…分别标出构件和运动副。

（8）计算机构的自由度，并检查是否与实际机构相符，以检验运动简图的正确性。

（9）对机构中的高副选用相关低副来代替，并将两者的简图绘出。

三、实验设备与工具

（1）各种实际机器及各种机构模型。

（2）钢板尺、卷尺、内外卡尺、量角器等。

（3）铅笔、橡皮、草稿纸等。

四、实验步骤

（1）观察所画机构，弄懂运动原理。

（2）熟悉运动副的标准代表符号。

（3）描绘简图的草图。

（4）测量实际机构的运动尺寸并标注在草图上。

（5）选择比例尺，标注构件和运动副。

（6）计算机构的自由度。

（7）做机构的结构分析。

（8）采用低副替代机构中的高副，并分析两者的区别。

实验二　机构组合创新设计实验

一、实验目的

（1）加深对平面机构的组成原理、结构组成的认识，了解平面机构组成及运动特点。

（2）培养机构综合设计能力、创新能力和实践动手能力。

二、实验原理

根据平面机构的组成原理——任何平面机构都可以由若干个基本杆组（阿苏尔杆组）依次连接到原动件和机架上而构成，故可通过实验规定的机构类型，选定实验的机构，并拼装该机构；在机构适当位置装上测试元器件，测出构件的各瞬时的线位移或角位移，通过对时间求导，得到该构件相应的速度和加速度，完成参数测试。

三、实验设备及工具

（1）ZBS-C 机构创新设计方案实验台。

（2）构件：

1）齿轮：模数 2，压力角 20°，齿数为 28、35、42、56，中心距组合为 63mm、70mm、77mm、91mm、98mm。

2）凸轮：基圆半径 20mm，升回型，从动件行程为 30mm。

3）齿条：模数 2，压力角 20°，单根齿条全长为 400mm。

4）槽轮：4 槽槽轮。

5）拨盘：可形成两销拨盘或单销拨盘。

6）主动轴：轴端带有一平键，有圆头和扁头两种结构型式（可构成回转副或移动副）。

7）从动轴：轴端无平键，有圆头和扁头两种结构型式（可构成回转副或移动副）。

8）移动副：轴端带有扁头结构型式。

9）转动副轴（或滑块）：用于两构件形成转动副或移动副。

10）复合铰链Ⅰ（或滑块）：用于三构件形成复合转动副或形成转动副＋移动副。

11）复合铰链Ⅱ（或滑块）：用于四构件形成复合转动副。

12）主动滑块插件：插入主动滑块座孔中，使主动运动为往复直线运动。

13）主动滑块座：装入直线电机，在齿条轴上形成往复直线运动。

14）活动铰链座Ⅰ、活动铰链座Ⅱ、滑块导向杆（或连杆）、连杆Ⅰ、连杆Ⅱ、压紧螺栓、带垫片螺栓、层面限位套、紧固垫片、高副锁紧弹簧、齿条护板、T型螺母、行程开关碰块、皮带轮、张紧轮、张紧轮支承杆、张紧轮轴销、螺栓、直线电机、旋转电机、实验台机架、标准件和紧固件若干（A型平键、螺栓、螺母、紧定螺钉等）。

（3）组装、拆卸工具：一字起子、十字起子、呆扳手、内六角扳手、钢板尺、卷尺。

四、实验步骤

（1）使用"机构创新设计方案实验台"提供的各种零件。按照拟订的运动方案简图，先在桌面上进行机构的初步实验组装，这一步的目的是杆件分层。一方面为了使各个杆件在互相平行的平面内运动，另一方面为了避免各个杆件，各个运动副之间发生运动干涉。

（2）按照上一步骤实验好的分层方案，从最里层开始，依次将各个杆件组装连接到机架上。选取构件杆，连接转动副或移动副。凸轮、齿轮、齿条与杆件用转动副连接，杆件以转动副的形式与机架相连，最后组装连接输入转动的原动件或输入移动的原动件。

（3）根据输入运动的形式选择原动件。若输入运动为转动（工程实际中以柴油机、电动机等为动力的情况），则选用双轴承式主动定铰链轴或蜗杆为原动件，并使用电机通过软轴联轴器进行驱动。若输入运动为移动（工程实际中以油缸、气缸等为动力的情况），可选用适当行程的气缸驱动，用软管连接好气缸、气控组件和空气压缩机并进行空载形成实验。

（4）先用手动的方式摇动或推动原动件，观察整个机构各个杆、副的运动；确定运动没有干涉后，安装电动机，用柔性联轴节将电机与机构相连；或安装气缸，用附件将气缸与机构相连。

（5）检查无误后，接通电源试机。

（6）观察机构系统的运动，对机构系统的工作到位情况、运动学及动力学特性做出定性的分析和评价。一般包括如下几个方面：

1）各个杆、副是否发生干涉。

2）有无形成运动副的两构件的运动不在一个平面，因而出现摩擦力过大的现象。

3）输入转动的原动件是否为曲柄。

4）输出构件是否具有急回特性。

5）机构的运动是否连续。

6）最小传动角（或最大压力角）是否超过其许用值。

7）机构运动过程中是否产生刚性冲击或柔性冲击。

8）机构是否符合设计要求、是否运动到位、是否灵活可靠。

9）多自由度机构的几个原动件，能否使整个机构实现良好的协调动作。

10）动力元件的选用及安装是否合理，是否按预定的要求正常工作。

（7）若观察到机构系统运动出现问题，则必须按前述步骤进行组装调整，直到该模型机构完全按照设计要求灵活、可靠地运动。

（8）至此已经用实验方法确定了设计方案和参数，再测绘自己组装的模型，换算出实际尺寸，填写实验报告，包括按比例绘制正规的机构运动简图，标注全部参数，计算自由度，划分杆组，简述各项评价情况，指出自己有所创新之处，指出不足之处并简述改进的设想。

五、实验要求

组合机构中要求滑块行程大于 10cm，要求绘出平面机构简图，计算出自由度并写出机构的工作原理。

实验三 渐开线直齿圆柱齿轮参数的测定与分析

一、实验目的

(1) 掌握测量渐开线直齿圆柱变位齿轮参数的方法。

(2) 通过测量和计算，进一步掌握有关齿轮各几何参数之间的相互关系和渐开线性质。

二、实验内容

对渐开线直齿圆柱齿轮进行测量，确定其基本参数（模数 m 和压力角 α）并判别它是否为标准齿轮，对非标准齿轮，求出其变位系数 x。

三、实验设备和工具

(1) 待测齿轮分别为标准齿轮、正变位齿轮、负变位齿轮，齿数各为奇数、偶数。

(2) 游标卡尺，公法线千分尺。

(3) 计算器（自备）。

四、实验原理及步骤

渐开线直齿圆柱齿轮的基本参数有：齿数 Z、模数 m、压力角 α、齿顶高系数 h_a^*、顶隙系数 C^*、中心距 a 和变位系数 x 等。本实验是用游标卡尺和公法千分尺测量，并通过计算来确定齿轮的基本参数。

1. 确定齿数 Z

齿数 Z 从被测齿轮上直接数出。

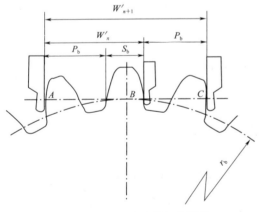

图 3-3-1 公法线长度测量

2. 确定模数 m 和分度圆压力角 α

在图 3-3-1 中，由渐开线性质可知，齿廓间的公法线长度 $\overline{AB}$ 与所对应的基圆弧长相等。根据这一性质，用公法线千分尺跨过 n 个齿，测得齿廓间公法线长度为 W'_n，然后再跨过 $n+1$ 个齿测得其长度为 W'_{n+1}。

$$\begin{cases} W'_n = (n-1)P_b + S_b \\ W'_{n+1} = nP_b + S_b \quad\quad (3-3-1) \\ P_b = W'_{n+1} - W'_n \end{cases}$$

式中：P_b 为基圆齿距，mm，$P_b = \pi m \cos\alpha$，与齿轮变位与否无关；S_b 为实测基圆齿厚，

mm，与变位量有关。

由此可见，测定公法线长度 W_n' 和 W_{n+1}' 后就可求出基圆齿距 P_b，实测基圆齿厚 S_b，进而可确定出齿轮的压力角 α、模数 m 和变位系数 x。因此，齿轮基本参数测定中的关键环节是准确测定公法线长度。

（1）测定公法线长度 W_n' 和 W_{n+1}'。根据被测齿轮的齿数 Z，按下式计算跨齿数：

$$n = \frac{\alpha}{180°}Z + 0.5 \qquad (3-3-2)$$

式中：α 为压力角；Z 为被测齿轮的齿数。

我国采用模数制齿轮，其分度圆标准压力角是 $20°$ 和 $15°$。若压力角为 $20°$ 可直接参照表 $3-3-1$ 确定跨齿数 n。

表 3 - 3 - 1 　　　　　　　跨齿数 n（压力角为 $20°$）

Z	12～18	19～27	28～36	37～45	46～54	55～63	64～72	73～81	82～90
n	2	3	4	5	6	7	8	9	10

公法线长度测量按图 $3-3-1$ 所示方法进行，首先测出跨 n 个齿时的公法线长度 W_n'。测定时应注意使千分尺的卡脚与齿廓工作段中部（齿轮两个渐开线齿面分度圆）附近相切。为减少测量误差，W_n' 值应在齿轮一周的三个均分位置各测量一次，取其平均值。

按同样方法量出跨测 $n+1$ 齿时的公法线长度 W_{n+1}'。

（2）确定基圆齿距 P_b，实际基圆齿厚 S_b。计算公式如下：

$$P_b = W_{n+1}' - W_n' \qquad (3-3-3)$$
$$S_b = W_n - (n-1)P_b \qquad (3-3-4)$$

（3）确定模数 m 和压力角 α。

根据求得的基圆齿距 P_b，可按下式计算出模数：

$$m = P_b/(\pi\cos\alpha) \qquad (3-3-5)$$

由于式中 α 可能是 $15°$ 也可能是 $20°$，故分别用 $\alpha=15°$ 和 $\alpha=20°$ 代入计算出两个相应模数，取数值接近于标准模数的一组 m 和 α，即是被测齿轮的模数 m 和压力角 α。

3. 测定齿顶圆直径 d_a' 和齿根圆直径 d_f' 及计算全齿高 h'

为减少测量误差，同一数值在不同位置上测量三次，然后取其算术平均值。

当齿数为偶数时，d_a' 和 d_f' 可用游标卡尺直接测量，如图 $3-3-2$ 所示。

当齿数为奇数时，直接测量得不到 d_a' 和 d_f' 的真实值，须采用间接测量方法，如图 $3-3-3$ 所示，先量出齿轮安装孔直径 D，再分别量出孔壁到某一齿顶的距离 H_1、孔壁到某一齿根的距离 H_2。则 d_a' 和 d_f' 可按下式求出：

齿顶圆直径： 　　　　　　　$d_a' = D + 2H_1 \qquad (3-3-6)$

齿根圆直径： 　　　　　　　$d_f' = D + 2H_2 \qquad (3-3-7)$

全齿高 h 的计算分以下两种情况：

奇数齿全齿高： 　　　　　　$h' = H_1 - H_2 \qquad (3-3-8)$

偶数齿全齿高：
$$h'=\frac{1}{2}(d_a-d_f) \tag{3-3-9}$$

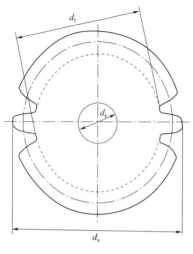

图 3-3-2 偶数齿测量

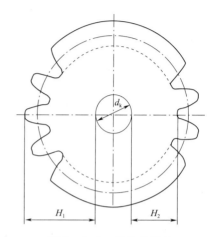

图 3-3-3 奇数齿测量

4. 确定变位系数 x

与标准齿轮相比，变位齿轮的齿厚发生了变化，所以它的公法线长度与标准齿轮的公法线长度也就不相等。两者之差就是公法线长度的增量，增量等于 $2m\sin\alpha$。

若实测得齿轮的公法线长度 W_n'，标准齿轮的理论公法线长度为 W_n（可从机械零件设计手册中查得），则变位系数按下式求出：

$$X=\frac{W_n'-W_n}{2m\sin\alpha} \tag{3-3-10}$$

5. 确定 h_a^*、C^*

由于按实测计算所得的 h' 值中包含有（h_a^*、C^*），而全齿高的计算公式为

$$h=m(2h_a^*+C^*-x) \tag{3-3-11}$$

由实测 h'、m、x，且 h_a^*、C^* 为标准值，可得正常齿 $h_a^*=1$，$C^*=0.25$；短齿 $h^*=0.8$，$C^*=0.3$。就可判定 h_a^*、C^* 的值。

五、讨论思考

（1）测量公法线长度时，游标卡尺卡脚放在渐开线齿廓工作段的不同位置上，对测量结果有无影响？为什么？

（2）同一模数、齿数、压力角的标准齿轮的公法线长度是否相等？为什么？

实验四　回转体智能化动平衡实验

一、实验目的

（1）利用补偿重径积法测定试件的两平衡平面中的不平衡重量的大小和相位。

（2）了解 DPJ 简易动平衡机的实验原理和实验方法。

二、实验设备

DPJ 简易动平衡机。

三、实验原理及步骤

任何回转体的构件的动不平衡都可认为是分别处于两个任意选定的回转平面 T_1 和 T_2 内的不平衡重量 G_0' 和 G_0'' 所产生，如图 3-4-1 所示。因此进行平衡实验时便可以不管被平衡构件的实际不平衡重量所在位置及其大小如何，只要根据构件实际外形的许可，选择两回转平面作为平衡校正平面，且把不平衡重量看作处于该两平衡平面之中的 G_0' 和 G_0''，然后针对 G_0' 和 G_0'' 进行平衡就可以达到目的。

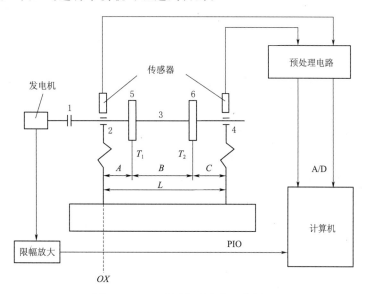

图 3-4-1　动平衡试验台工作原理

将要平衡的试件 3 架于两个滚动支承 2、4 上，通过挠性联轴器 1 由主电机带动。此时试件不平衡重量可以看成在两平衡面 T_1 和 T_2 上的两个不平衡重量 G_0' 和 G_0'' 产生。平衡时，先令平衡平面 T_2 通过振摆轴线 OX，当回转构件转动时，T_2 面上不平衡重量的离心力 P_0'' 所产生的力矩为 0，不引起框架的振动，而平衡平面 T_1 上的不平衡重量 G_0' 的离心力 P_0' 对振摆轴线的力矩为 $M_0 = P_0' l \cos\varphi_0$，（$l$ 为 T' 面到轴线 OX 的垂直距离）。这个力矩使整个框架产生振动。

为了测出 T' 面上的不平衡重量的大小和相位，需加上一个补偿重块，使产生一个补偿力矩。即在 T_1 和 T_2 对应的两个圆盘上各装一个平衡重量 G_c，平衡重量的轴心与圆盘的轴线相距 r_c，但相位差 180°。两个圆盘相距 l_c。当电动机旋转时，T_1 和 T_2 对应的两个圆盘也旋转，这时 G_c 的离心力 P_0 就构成一个力偶矩 M_c，它也影响到框架 OX 轴线的振摆，其大小为

$$M_c = P_c l_c \cos\varphi_c \tag{3-4-1}$$

框架振动的合力矩为

$$M = M_0 + M_c = P_0' l \cos\varphi_0 - P_c l_c \cos\varphi_c = 0 \tag{3-4-2}$$

或

$$G_0'r_0'l\cos\varphi_0 - G_c r_c l_c \cos\varphi_c = 0 \qquad (3-4-3)$$

满足上式的条件为

$$G_0'r_0' = G_c r_c \frac{l_c}{l} \qquad (3-4-4)$$

$$\varphi_0 = \varphi_c \qquad (3-4-5)$$

在平衡机的补偿装置中装上的平衡质量 G_c 和平衡重量的轴心与圆盘的轴线距离 r_c 是已知的，此时，读出 l_c、φ_c 的数值就可得知 $G_0'r_0'$、和相位角 φ_0 的大小。当选定加平衡重的回转半径 r_b' 后，平衡重量 G_b' 的大小为

$$G_b' = \frac{G_0'r_0'}{r_b'} = \frac{G_c r_c l_c}{l r_b'} = C l_c \qquad (3-4-6)$$

公式中 G_c、r_c 已知，当 r_b'、l 确定后 $C = \dfrac{G_c r_c}{r_0' l} =$ 常数。所以，根据读得的 l_c 值便可直接求得 G_b' 值。G_b' 的位置应为 $\varphi+180°$。

其相位可以这样来确定，停车后，使指针转到图 $3-4-1$ 中与 OX 轴向垂直的虚线位置，此时 G_b' 的位置就在平面 T' 内回转中心的铅直上方。

测量另一个平衡平面 T'' 上的不平衡重量，只需将试件调头，使平面 T' 通过 OX 轴，测量方法与上述相同。

在框架上装有重块，移动重块可改变框架的固有频率，使框架接近共振状态，即振幅放大。

具体操作时，可先加一定的补偿力矩（即将圆盘 5 和 6 分开一定的距离 l_c），然后调节 φ_c 值。因回转件与圆盘的转速相等，故 M_0 与 M_c 变化的频率也相等。当调节到 $\varphi_c = \varphi+180°$ 时，M_c 与 M_0 同向，两力矩正向叠加，此时框架的振幅最大，当调节至 $\varphi_c = \varphi$ 时，两力矩反向叠加，此时框架的振幅最小。即不平衡重量的相位已经找到。继续调节 l_c 改变 M_c 的幅度，当 $G_0'r_0' = G_c r_c \dfrac{l_c}{l}$ 时，两力矩相互抵消，框架振动便完全消失。

四、实验数据处理

本机实验系数 $G_c=179$g，$r_c=6$cm，$l=25$cm，$r_b'=5.5$cm，则

$$C = \frac{G_c r_c}{r_0 l} = \frac{179\times6}{5.5\times25} \approx 7.8 \text{ (g/cm)}$$

五、注意事项

注意实验软件中的初始角度与实际仪器的初始角度是否一致。

实验五　曲柄导杆机构综合实验

一、实验目的

（1）了解位移、速度测定方法。

（2）初步了解"QTD-Ⅲ型组合机构实验台"的基本原理，并掌握使用方法。

二、实验设备

（1）QTD-Ⅲ型组合机构实验台。

（2）曲柄滑块试验仪。

（3）计算机。

三、实验原理

本实验配套的为曲柄导杆机构，其原动力采用直流调速电机，电机转速可在 0～3000r/min 范围做无级调速。经蜗轮蜗杆减速器减速，机构的曲柄转速为 0～100r/min。

图 3-5-1 为曲柄导杆机构的结构简图，利用往复运动的滑块推动光电脉冲编码器，输出与滑块位移相当的脉冲信号，经测试仪采集处理后传输给计算机，并在数据采集界面上显示滑块的位移、速度、加速度等数据。

四、实验步骤

（1）将光电脉冲编码器输出的插头及同步脉冲发生器输出的插头分别插入测试仪相应接口上。

（2）把串行传输线一头插在计算机任一串口上，另一头插在实验仪的串口上。

（3）打开 QTD-Ⅲ组合机构实验台上的电源，此时带有 LED 数码管显示面板上将显示"0"。

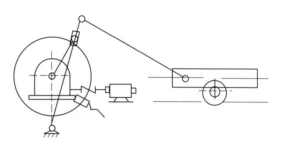

图 3-5-1 曲柄导杆机构的结构简图

（4）打开计算机数据采集软件。

（5）启动机构，在机构电源接通前将电机调速电位器逆时针旋转至最低速位置，然后接通电源，并顺时针转动电位器，使转速逐渐加至所需的值（否则易烧坏保险丝，甚至损坏调速器），显示面板上实时显示曲柄轴的转速。

（6）机构运转正常后，就可在计算机上进行操作了。

（7）先熟悉系统软件的界面及各项操作的功能。

（8）选择好串口，点击"数据系集"。在弹出的采样参数设置区内选择相应的采样方式和采样常数。可以选择定时采样方式，采样的时间常数有 10 个选择挡，分别是 2ms、5ms、10ms、15ms、20ms、25ms、30ms、35ms、40ms、50ms，比如选 25ms。也可以选择定角采样方式，采样的角度常数有 5 个选择挡，分别是 2°、4°、6°、8°、10°，比如选择 4°，不用写在实验报告上。

（9）按下"采样"按键，开始采样。请等若干时间，此时测试仪正在按接收到的计算机指令进行对机构运动的采样，并回送采集的数据给计算机，得到运动的位移值等数据，不用写在实验报告上。

（10）当采样完成，在"数据显示区"内显示采样的数据，记录数据，并绘制位移、速度和加速度曲线。

五、实验数据及处理

（1）按照表 3-5-1 记录实验数据。

表 3 - 5 - 1　　　　　　　　　　　　实 验 数 据

序　号	位　移	速　度	加 速 度

（2）根据获得的实验数据绘制位移、速度和加速度曲线。

实验六　凸轮机构综合实验

一、实验目的

（1）了解凸轮机构的运动过程。

（2）掌握凸轮轮廓和从动件的常用运动规律。

（3）掌握机构运动参数测试的原理和方法。

二、实验设备

TL－I 凸轮机构实验台由盘形凸轮、圆柱凸轮和滚子推杆组件构成，提供了等速运动规律、等加速等减速运动规律、多项式运动规律、余弦运动规律、正弦运动规律、改进等速运动规律、改进正弦运动规律、改进梯形运动规律等八种盘形凸轮和一种等加速等减速运动规律的圆柱凸轮供检测使用。

该实验台可拼装平面凸轮和圆柱凸轮两种凸轮机构。

有关构件尺寸参数如下：基圆半径 $R_0 = 40\text{mm}$，最大升程 $h_{\max} = 80\text{mm}$，圆柱凸轮升程角 $\alpha = 150°$，升程 $h = 38.5\text{mm}$。

三、实验原理

凸轮机构主要是由凸轮、从动件和机架三个基本构件组成的高副机构，如图 3 - 6 - 1 所示。其中凸轮是一个具有曲线轮廓或凹槽的构件，一般为主动件，做等速回转运动或往复直线运动。从动件与凸轮轮廓接触，传递动力和实现预定的运动规律，故从动件的运动规律取决于凸轮轮廓曲线。由于组成凸轮机构的构件数较少，结构比较简单，只要合理地设计凸轮的轮廓曲线就可以使从动件获得各种预期的运动规律。

凸轮相关参数：推程，回程，行程 h，凸轮转角 φ，推程运动角 ϕ，回程运动角 ϕ'，近休止角 ϕ'_s，远休止角 ϕ_s，从动件的位移 s。

TL－I 凸轮机构实验台采用单片机与 A/D 转换集成相结合进行数据采集，处理分析及实现与计算机的通信，达到适时显示运动曲线的目的。该测试系统先进、测试稳定、抗干扰性强。同时该系统采用光电传感器、位移传感器作为信号采集手段，具有较高的检测精度。数据通过传感器与数据采集分析箱将机构的

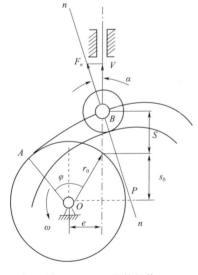

图 3 - 6 - 1　凸轮机构

运动数据通过计算机串口送到计算机内进行处理，形成运动构件运动参数变化的实测曲线，为机构运动分析提供手段和检测方法。

本实验台电机转速控制系统有两种方式：①手动控制，通过调节控制面板上的液晶调速菜单调节电机转速；②软件控制，在实验软件中根据实验需要来调节。其原理框图如图3-6-2所示。

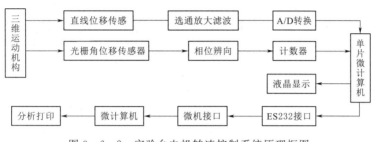

图3-6-2　实验台电机转速控制系统原理框图

四、实验步骤

（1）选择一凸轮，然后将其安装于凸轮轴上，并紧固。

（2）用手拨动机构，检查机构运动是否正常。

（3）连接或检查传感器、采集箱和计算机之间接线是否正确。

（4）打开采集箱电源，启动电机，逐步增加电机转速，观察凸轮运动。

（5）打开计算机上的控制软件，进入"数据采集"界面，采集相应数据。

（6）采集数据完毕后，点击界面上方"文件"按钮，选择其中"生成全部曲线 Excel 文件"，保存生成的文件。

（7）剔除掉曲线 Excel 文件中不合理的数据，根据采集的数据绘制凸轮的角位移线图、角速度线图和角加速度线图，并计算凸轮相关参数。

（8）判断从动件的运动类型，绘出从动件的运动规律图，即从动件的位移 s 与凸轮转角 φ 的关系图。

（9）运用"反转法"绘制凸轮机构的轮廓曲线，包括实际廓线与理论廓线。

（10）点击"运动仿真"进入机构设计仿真窗体，确认凸轮机构的几何参数，点击"仿真"按钮，便可以把仿真机构的位移、速度、加速度曲线在窗体下方的黑色坐标框中绘制出来。

（11）更换另一凸轮，重新进行上述操作。

（12）实验完毕后，关闭电源，拆下构件。

（13）分析比较理论曲线和实测曲线，并编写实验报告。

五、注意事项

（1）机构运动速度不宜过快。

（2）机构启动前一定要仔细检查连接部分是否牢靠；检查手动转动机构曲柄是否可整转。

（3）运行时间不宜太长，隔一段时间应停下来检查机构连接是否松动。

（4）绘制曲线时注意选择合适的采集点。

六、讨论与思考

（1）在构建凸轮轮廓线的曲线应注意哪些事项？

（2）凸轮轮廓线与从动件运动规律之间有什么内在联系？

（3）测量凸轮轮廓时，凸轮不同转向是否会影响所得凸轮轮廓形状？

实验七　PJC‐CⅡ曲柄摇杆机构实验

一、实验目的

（1）掌握平面机构结构组装和运动调节。

（2）了解 PJC‐CⅡ曲柄摇杆机构中曲柄的真实运动规律和速度波动的影响。

（3）了解飞轮对曲柄的速度波动的影响。

（4）了解 PJC‐CⅡ曲柄摇杆机构中摇杆的真实运动规律。

二、实验设备

由曲柄摇杆结构、角位移传感器、PCI8310 卡采集、计算机构成试验平台，实验设备如图 3‐7‐1 所示。

图 3‐7‐1　实验设备

三、实验原理

曲柄摇杆在接通电源时，由曲柄作为原动件驱动从动件摇杆进行摇摆运动，运动过程中通过 PCI8310 卡采集摇杆的角位移并处理数据后输入计算机，通过计算机测试软件显示出实测的曲柄角速度图和角加速度图，然后通过数模仿真，获得曲柄角速度线图和角加速度线图，实验台工作原理如图 3‐7‐2 所示。

四、实验步骤

（1）点击软件进入测试界面，单击"搭接机构"选择"曲柄摇杆机构"。

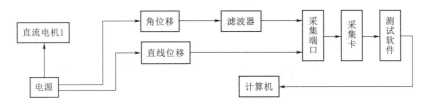

图 3 - 7 - 2　实验台工作原理

（2）将电机启动按钮按下，电机进入运行状态，在桌面单击左上的"测试"，几秒后计算机自动生成主动件实测曲线，测试摆动从动件步骤相同。

（3）返回主界面，在"实验分析"菜单下的"曲柄摇杆机构"中选择"曲柄运动实测分析"。进入界面后，单击"实测曲线"，数秒后计算机便自动采集数据形成曲柄运动实测曲线，然后单击"保存"存储数据。

（4）返回主界面，在"实验分析"菜单下的"曲柄摇杆机构"中选择"摇杆运动仿真与实测分析"。进入界面后，单击"实测曲线"，数秒后计算机便自动采集数据形成摇杆运动实测曲线，摇杆运动仿真曲线的测试和实测一样。然后单击"保存"存储数据。

（5）在操作的过程中可以单击"机构尺寸"查看曲柄摇杆机构原始参数，可根据实际情况更改数据。

五、注意事项

1. 开机前的准备

（1）设备在实验室就位好后，应将机箱下固定地脚紧密接地，固定机身。

（2）检查电器线路，确认无故障后，才可接电源线。

（3）机构各运动构件要清理干净，加少量 N68～48 机油至各运动构件滑动轴承处。

（4）面板上调速旋钮逆时针旋到底（转速最低）。

（5）转动曲柄盘 1～2 周，检查各运动构件的运行状况，各螺母紧固件应无松动，各运动构件应无卡死现象。

2. 注意事项

（1）在实验前，必须给学生上安全知识课，要求每个学生严格遵守操作规程。

（2）在实验前，长发女生必须盘起长发，天气寒冷时，不得戴毛手套。

（3）在实验前，检查各机械连接部件是否牢固，不得在未连接牢固前做实验。

（4）在操作前，首先检查电器框的元件、线是否松动、脱落，方可通电试车。

（5）绝不能在电位器旋到最大时，按下启停开关，启动电机。

（6）电器箱及电机应可靠接地。

（7）遇到紧急异常情况时，必须立即按下紧停开关，待检查原因后，方可再次通电试车。

六、讨论与思考

（1）是否存在急回特性？

（2）摆杆的角速度与角加速度有何规律？

第四章 机 械 设 计

实验一 螺栓组受力测试实验

一、实验目的
(1) 测试螺栓组连接在倾覆力矩作用下各螺栓所受的载荷。
(2) 深化课程学习中对螺栓组连接受力分析的认识。
(3) 初步掌握静态电阻应变仪的工作原理和使用方法。

二、实验原理

多功能螺栓组连接实验台上的被连接件机座和托架被双排共 10 个螺栓连接，连接面间加入垫片，砝码的重力通过双级杠杆加载系统增力作用到托架上，托架受到翻转力矩的作用，螺栓组连接受横向载荷和倾覆力矩联合作用，各个螺栓所受轴向力不同，它们的轴向变形也就不同。在各个螺栓上贴有电阻应变片，可在螺栓中段测试部位的任一侧贴一片，或在对称的两侧各贴一片，各个螺栓的受力可通过贴在其上的电阻应变片的变形，用静态电阻应变仪测得。

静态电阻应变仪主要由测量电桥、直流电源、滤波器、A/D 转换器、MCU、面板、显示屏组成。测量方法为：由 DC2.5V 高精度稳定直流电源供电，通过高精度放大器，把测量桥的桥臂压差（μV 信号）放大，然后经过数字滤波器，滤去杂波信号，通过 24 位 A/D 模数转换送入 MCU（即 CPU）处理，调 0 点方式采用计算机内部自动调 0。送显示屏显示测量数据，同时配有 RS232 通信口，可以与计算机通信。

粘贴在螺栓上的工作电阻应变片和补偿电阻应变片分别接入静态电阻应变仪测量电桥的相邻桥臂。当螺栓受力变形，长度变化 Δl 时，粘贴在其上的工作电阻应变片的电阻也要变化 ΔR，并且 $\Delta R/R$ 正比于 $\Delta l/l$，ΔR 使测量电桥失去平衡。通过应变仪测量出桥臂压差 ΔU_{BD} 的变化，从而测量出螺栓的应变量。桥臂压差与螺栓的应变之间的关系为

$$\Delta U_{BD} = \frac{E}{4K}\varepsilon \qquad (4-1-1)$$

式中：ΔU_{BD} 为工作片平衡电压差；E 为桥压；K 为电阻应变系数；ε 为应变值。

多功能螺栓组连接实验台的托架上还安装有一测试齿块，它是用来做齿根应力测试实验的；机座上还固定有一测试梁，它是用来做梁的应力测试实验的。测试齿块与测试梁与本实验无关，在做本实验前应将测试齿块固定螺钉拧松。

三、实验设备及工具
(1) 多功能螺栓组连接实验台。
(2) 静态电阻应变仪。

（3）其他工具：螺丝刀，扳手、砝码。

四、实验方法与步骤

（一）实验方法

1. 仪器连线

用导线从实验台的接线柱上把各螺栓的应变片引出端及补偿片的连线连接到电阻应变仪上。采用半桥测量时，如每个螺栓上只贴一个应变片，其连线如图 4-1-1 所示；如每个螺栓上对称两侧各贴一个应变片，其连线如图 4-1-2 所示。后者可消除螺栓偏心受力的影响。

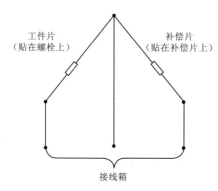 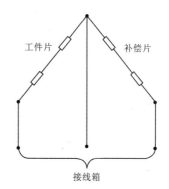

图 4-1-1 单片测量连线   图 4-1-2 双片测量连线

2. 螺栓初预紧

抬起杠杆加载系统，不使加载系统的自重加到螺栓组连接件上。先将左端各螺母用手尽力拧紧，然后再把右端的各螺母也用手尽力拧紧。如果在实验前螺栓已经受力，则应将其拧松后再做初预紧。

3. 应变测量点预调平衡

以各螺栓初预紧后的状态为初始状态，先将杠杆加载系统安装好，使加载砝码的重力通过杠杆放大，加到托架上；然后再进行各螺栓应变测量的"调 0"（预调平衡），即把应变仪上各测量点的应变量都调到读数"0"。预调平衡砝码加载前，应松开测试齿块（即使载荷直接加在托架上，测试齿块不受力）；加载后，加载杠杆一般呈向右倾斜状态。

4. 螺栓预紧

实现预调平衡后，再用扳手拧各螺栓左端螺母来加预紧力。为防止预紧时螺栓测试端受到扭矩作用产生扭转变形，在螺栓的右端设有一段 U 形断面，它嵌入托架接合面处的矩形槽中，以平衡拧紧力矩。在预紧过程中，为防止各螺栓预紧变形的相互影响，各螺栓应先后交叉并重复预紧，使各螺栓均预紧到相同的设定应变量（即应变仪显示值为 $\varepsilon = 280 \sim 320 \mu\varepsilon$）。为此，要反复调整预紧 3～4 次或更多。在预紧过程中，用应变仪来监测。螺栓预紧后，加载杠杆一般会呈右端上翘状态。

5. 加载实验

完成螺栓预紧后，在杠杆加载系统上依次增加砝码，实现逐步加载。加载后，记录各螺栓的应变值（据此计算各螺栓的总拉力）。注意：加载后，任一螺栓的总应变值（预紧应变＋工作应变）不应超过允许的最大应变值（$\varepsilon_{max} \leqslant 800\mu\varepsilon$），以免螺栓超载损坏。

（二）实验步骤

（1）检查各螺栓处于卸载状态。

（2）将各螺栓的电阻应变片接到应变仪预调箱上。

（3）在不加载的情况下，先用手拧紧螺栓组左端各螺母，再用手拧紧右端螺母，实现螺栓初预紧。

（4）在加载的情况下，在应变仪上各个测量点的应变量都调到"0"，实现预调平衡。

（5）用扳手交叉并重复拧紧螺栓组左端螺母，使各螺栓均预紧到相同的设定预应变量（应变仪显示值为 $280 \sim 320\mu\varepsilon$）。

（6）依次增加砝码，实现逐步加载到 2.5kg，记录各螺栓的应变值。

（7）测试完毕，逐步卸载，并去除预紧。

（8）整理数据，计算各螺栓的总拉力，填写实验报告。

五、实验结果处理与分析

1. 螺栓组连接实测工作载荷图

（1）根据实测记录的各螺栓的应变量，计算各螺栓所受的总拉力 F_{2i}：

$$F_{2i} = E\varepsilon_i S \qquad (4-1-2)$$

式中：E 为螺栓材料的弹性模量，GPa；S 为螺栓测试段的截面积，m^2；ε_i 为第 i 个螺栓在倾覆力矩作用下的拉伸变量。

（2）根据 F_{2i} 绘出螺栓连接实测工作载荷图。

2. 螺栓组连接理论计算受力图

砝码加载后，螺栓组受到横向力 F 和倾覆力矩 M 的作用，即

$$\begin{cases} Q = 75G + G_0 \\ M = QL \end{cases} \qquad (4-1-3)$$

式中：G 为加载砝码重力，N；G_0 为杠杆系统自重折算的载荷，700N；L 为力臂长，$L = 214mm$。

在倾覆力矩作用下，各螺栓所受的工作载荷 F_i 为

$$F_i = \frac{M}{\sum\limits_{i=1}^{z} L_i} = F_{max} \frac{L_i}{L_{max}} \qquad (4-1-4)$$

$$F_{max} = \frac{ML_{max}}{\sum\limits_{i=1}^{z} L_i^2} = \frac{1}{2 \times 2(L_1^2 + L_2^2)} \qquad (4-1-5)$$

式中：Z 为螺栓个数；F_{max} 为螺栓中的最大总拉力，N；L_i 为螺栓轴线到底板翻转轴线的距离，mm。

六、螺栓组连接实验数据

螺栓组连接实验数据、工作载荷图见表 4-1-1、表 4-1-2。

表 4-1-1   测 试 记 录

数 据	1	2	3	4	5	6	7	8	9	10
预紧力 F_1										
总拉力 F_2										
ΔF										
理论计算										

表 4-1-2   螺栓组连接工作载荷图

实 测	理 论 计 算

七、讨论与思考

（1）螺栓组连接理论计算与实测的工作载荷间存在误差的原因有哪些？

（2）实验台上的螺栓组连接可能的失效形式有哪些？

实 验 二　皮 带 传 动 参 数 实 验

一、实验目的

（1）该实验装置采用压力传感器和 A/D 板采集主动带轮和从动带轮的驱动力矩和阻力力矩数据，采用角位移传感器和 A/D 板采集并转换成主、从动带轮的转速，最后输入计算机进行处理作出滑差率曲线和效率曲线，使学生了解带传动的弹性滑动和打滑对传动效率的影响。

（2）该实验装置配置的计算机软件，在输入实测主、从动带轮的转数后，通过数模计算作出皮带传动运动模拟，可清楚观察皮带传动的弹性滑动和打滑现象。

（3）利用计算机的人机交互性能，使学生可在软件界面说明书的指导下，独立自主地进行实验，培养学生的动手能力。

二、实验原理

该仪器的转速控制由两部分组成：一部分为根据脉冲宽度调制原理设计的直流电机调速电源，另一部分为电动机和发电机各自的转速测量电路、显示电路及红外传感器电路。

调速电源不仅能输出电动机和发电机励磁电压，还能输出电动机所需的电枢电压。调节面板上"调速"旋钮，即可获得不同的电枢电压，也就改变了电动机的转速；通过皮带的作用，也就同时改变了发电机的转速，使发电机输出不同的功率。发电机的电枢端最多可并接 8 个 40W 灯泡作为负载，改变面板上 A～H 的开关状态，即可改变发电机的负载量。转速测量及显示电路有左、右两组 LED 数码管，分别显示电动机和发电机的转速。在单片机的程序控制下，可分别完成"复位""查看"和"存储"功能，同时完成"测量"功能。通电后，该电路自动开始工作，个位右下方的小数点亮，即表示电路正在检测并计算电动机和发电机的转速；通电后或检测过程中，一旦发现测速显示不正常或需要重新启动测速时，可按"复位"键；当需要存储记忆所测到的转速时，可按"存储"键，一共可存储记忆最后存储的 10 个数据；如果按"查看"键，即可查看前一次存储的数据，再按可继续向前查看；在"存储"和"查看"操作后，如需继续测量，可按"测量"键，这样就可以同时测量电动机和发电机的转速。

三、实验设备

实验设备是皮带传动实验台。

四、实验步骤

(1) 开启计算机，单击"皮带传动"图标，进入皮带传动的界面；单击左键，进入皮带传动实验说明界面。

(2) 在皮带传动实验说明界面下方单击"实验"键，进入皮带传动实验分析界面。

(3) 启动实验台的电动机，待皮带传动运转平稳后，可进行皮带传动实验。

(4) 在皮带传动实验分析界面下方单击"运动模拟"键，观察皮带传动的运动和弹性滑动及打滑现象。通过逐渐增加发电机端的负载，观察打滑现象。每次增加负载后，单击"稳定测试"键，稳定记录实时显示的皮带传动实测结果，直到出现打滑现象后，单击"实测曲线"键显示皮带传动滑动曲线和效率曲线。

(5) 如果要打印皮带传动滑动曲线和效率曲线，在该界面下方单击"打印"键，打印机即自动打印出皮带传动滑差率曲线和效率曲线。

(6) 实验结束，单击"退出"键，返回 Windows 界面。

五、实验注意事项

(1) 通电前应进行以下准备工作：

1) 面板上调速旋钮逆时针旋到底（转速最低）位置，连接地线。

2) 加上一定的砝码使皮带张紧。

3) 断开发电机所有负载。

(2) 通电后，电动机和发电机转速显示的四位数码管亮。

(3) 调节调速旋钮，使电动机和发电机有一定的转速，测速电路可同时测出它们的转速。

六、讨论与思考

(1) 绘出皮带传动滑差率曲线和效率曲线图。

(2) 皮带传动中的弹性滑动和打滑现象产生的原因是什么？

(3) 分析并解释实验所得的滑差率曲线和效率曲线。

实验三 滑动轴承测试实验

一、实验目的

（1）观察径向滑动轴承液体动压润滑油膜的形成过程和现象。

（2）测定和绘制径向滑动轴承径向油膜压力分布曲线，求轴承的承载能力。

（3）观察载荷和转速改变时油膜压力的变化情况。

（4）观察径向滑动轴承油膜的轴向压力分布情况。

（5）了解径向滑动轴承的摩擦系数 f 的测量方法和摩擦特性曲线的绘制方法。

二、实验原理

由直流电动机通过带传动驱动轴沿顺时针方向转动，由无级调速器实现轴的无级调速。在轴瓦的一个径向平面内沿圆周钻有 7 个小孔，每个小孔沿圆周相隔 20°，每个小孔连接一个压力表，用来测量该径向平面内相应点的油膜压力，由此可绘制出径向油膜压力分布曲线。

三、实验设备

滑动轴承实验台。

四、实验步骤

1. 绘制径向油膜压力分布曲线与承载曲线

（1）开启计算机，单击"滑动轴承实验"图标，进入滑动轴承实验的界面；点击"动压油膜"实验键，进入动压油膜实验界面。

（2）启动电机，将轴的转速调整到一定值，注意观察从轴开始运转至 200r/min 时灯泡亮度的变化情况，待灯泡完全熄灭时处于完全液体润滑状态。

（3）用加载装置加载（约为 700N），在加载过程中观察计算机界面中动压润滑油膜的形成过程和油膜压力的变化情况。

（4）待各压力表的压力值稳定后，由左至右依次记录各压力表的压力值。

（5）卸载、关机。

（6）根据测出的各压力表的压力值按一定比例绘制出油膜压力分布曲线与承载曲线，如图 4-3-1 所示。

此图的具体画法是：沿着圆周表面从左至右画出角度分别为 30°、50°、70°、90°、110°、130°、150°得出的油孔点 1、2、3、4、5、6、7 的位置。通过这些点与圆心 O 连线，在各连线的延长线上，将压力表（比例：0.1MPa＝5mm）测出的压力值画出压力线 1—1′、2—2′、3—3′、4—4′、…、7—7′。将 1′、2′…、7′各点连成光滑曲线，此曲线就是所测轴承的一个径向截面的径向油膜压力分布曲线。

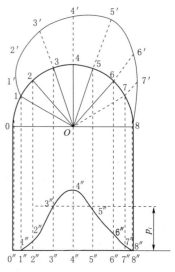

图 4-3-1 油膜压力分布曲线

为了确定轴承的承载量，用 $P_{l\sin\varphi_l}$（$l=1$，2，…，7）求得向量 1—1'、2—2'、3—3'、…、7—7'在载荷方向（即 y 轴）的投影值。角度 φ_l 与 $\sin\varphi_l$ 的数值关系见表 4-3-1。

表 4-3-1　　　　　　　　　　角度 φ_l 与 $\sin\varphi_l$ 的数值关系

$\varphi_l/(°)$	30	50	70	90	110	130	150
$\sin\varphi_l$	0.5000	0.7660	0.9397	1.0000	0.9397	0.7660	0.5000

然后将 $P_{l\sin\varphi_l}$ 平行于 y 轴的向量移到直径 0—8 上。为清楚起见，将直径 0—8 平移到图 4-3-1 的下部，在直径 0″—8″上先画出轴承表面上油孔位置的投影点 1″～7″等点，然后通过这些点画出上述相应各点压力在载荷方向的分量，即 1″～7″等点，将各点平滑连接起来，所形成的曲线即为不同位置轴承表面的压力分布曲线。

用数格法计算出曲线所围面积，以 0″—8″线为底边作一矩形，使其面积与曲线所围面积相等，其高 p_i 即为轴瓦中间截面的平均压力。轴承处在液体摩擦工作时，其油膜承载量与外载荷平衡轴承内油膜的承载量为

$$Q=\delta p_i dB \tag{4-3-1}$$

式中：Q 为轴承内油膜承载量；δ 为端泄对轴承能力影响系数，一般取 0.7；p_i 为平均压力；B 为轴瓦宽度；d 为轴的直径。

2. 测量摩擦系数 f 与绘制摩擦特性曲线

（1）开启计算机，单击"滑动轴承实验"图标，进入滑动轴承实验的界面；点击"摩擦特性实验"键，进入实验界面。

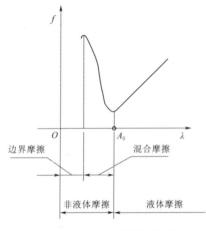

图 4-3-2　摩擦特性曲线

（2）启动电机，逐渐使电机升速，在转速达到 250～300r/min 时，旋转螺杆，逐渐加到 700N，稳定转速后减速。

（3）依次记录负载为 700N 时，转速为 300r/min、250r/min、200r/min、150r/min、100r/min、50r/min、20r/min、10r/min、2r/min 的摩擦系数。

（4）卸载，减速停机。

（5）根据记录的转速和摩擦力的值，计算整理摩擦系数 f 与轴承特性 λ 值，按一定比例绘制摩擦特性曲线，如图 4-3-2 所示。

$$p=\frac{Q}{Bd} \tag{4-3-2}$$

式中：p 为压力；Q 为轴上的载荷，$Q=$ 轴瓦自重＋外加载荷，自重为 40N；B 为轴瓦的宽度，$B=110$mm；d 为轴的直径，$d=60$mm。

五、讨论与思考

（1）载荷和转速的变化对油膜压力有什么影响？

（2）载荷对最小油膜厚度有什么影响？

实验四 轴系组合创新实验

一、实验目的
（1）熟悉并掌握轴系结构设计中有关轴的结构设计。
（2）掌握滚动轴承组合设计的基本方法。
（3）掌握轴上零部件的常用定位与固定方法。
（4）综合创新轴系结构设计方案。

二、实验设备
（1）组合式轴系结构设计分析实验箱提供的减速器圆柱齿轮轴系、小圆锥齿轮轴系及蜗杆轴系结构设计实验的全套零件。
（2）测量及绘图工具：300mm 钢板尺、游标卡尺、内外卡钳、铅笔。

三、实验内容
（1）指导老师根据表 4-4-1 选择性安排每组的实验内容。

表 4-4-1　　　　　　　　　　　　　　　实 验 内 容

实验题号	已 知 条 件			
	齿轮类型	载 荷	转 速	其他条件
1	小直齿轮	轻	低	
2		中	高	
3	大直齿轮	中	低	
4		重	中	
5	小斜齿轮	轻	中	
6		中	高	
7	大斜齿轮	中	中	
8		重	低	
9	小锥齿轮	轻	低	锥齿轮轴
10		中	高	锥齿轮与轴分开
11	蜗杆	轻	低	发热量小
12		重	中	发热量大

（2）进行轴的结构设计与滚动轴承组合设计。每组学生根据表 4-4-1 中实验题号的要求，进行轴系结构设计，解决轴承类型选择、轴上零件定位固定、轴承安装与调节、润滑及密封等问题。

四、实验步骤
（1）复习有关轴的结构设计与轴承组合设计的内容与方法。
（2）构思轴系结构方案。
1）根据齿轮类型选择滚动轴承型号。
2）确定支承轴向固定方式（两端固定、一端固定一端游动）。

3）根据齿轮圆周速度（高、中、低）确定轴承润滑方式（脂润滑、油润滑）。

4）选择端盖形式（凸缘式、嵌入式），并考虑透盖处密封方式（毡圈、皮腕、油沟）。

5）考虑轴上零件的定位与固定、轴承间隙调整等问题。

6）绘制轴系结构方案示意图。

（3）组装轴系部件。根据轴系结构方案，从实验箱中选取合适零件并组装成轴系部件，检查所设计组装的轴系结构是否正确。

（4）绘制轴系结构草图。

（5）测量零件结构尺寸（支座不用测量），并做好记录。

（6）将所有零件放入实验箱内的规定位置，并交还所借工具。

（7）整理实验报告，绘制轴系结构装配图。

五、讨论与思考

（1）在所设计装拆的轴系中，轴的各段长度和直径是根据什么来确定的？

（2）可采取哪几个方面的措施来提高轴系的回转精度和运转效率？

第五章　互换性与测量技术

实验一　用立式光学比较仪测量轴径

一、实验目的

（1）了解立式光学比较仪的结构及测量原理。

（2）熟悉测量技术中常用的度量指标和量块、量规的实际运用。

（3）掌握立式光学比较仪的调整步骤和测量方法。

二、实验原理

立式光学比较仪也称立式光学计，是一种精度较高且结构简单的光学仪器，适用于外尺寸的精密测量。

图 5-1-1 为立式光学比较仪的外形图。比较仪主要由底座 1、立柱 7、横臂 5、直角形光管 12 和工作台 15 等几部分组成。

立式光学比较仪是利用光学杠杆放大原理进行测量的仪器，其光学系统如图 5-1-2（b）所示。照明光线经反射镜 1 照射到刻度尺 8 上，再经直角棱镜 2、物镜 3，照射到反射镜 4 上。由于刻度尺 8 位于物镜 3 的焦平面上，故从刻度尺 8 上发出的光线经物镜 3 后成为一平行光束，若反射镜 4 与物镜 3 之间相互平行，则反射光线折回到焦平面，刻度尺像 7 与刻度尺 8 对称。若被测尺寸变动使测杆 5 推动反射镜 4 绕支点转动某一角度 α [图 5-1-2（a）]，则反射光线相对于入射光线偏转 2α 角度，从而使刻度尺像 7 产生位移 t [图 5-1-2（c）]，它代表被测尺寸的变动量。物镜 3 至刻度尺 8 间的距离为物镜焦距 f，设 b 为测杆中心至反射镜支点间的距离，s 为测杆移动的距离，则仪器的放大比 K 为

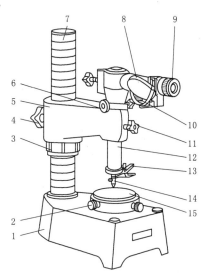

图 5-1-1　立式光学比较仪

1—底座；2—工作台调整螺钉（共 4 个）；
3—横臂升降螺圈；4—横臂固定螺钉；
5—横臂；6—细调螺旋；7—立柱；8—进光反射镜；9—目镜；10—微调螺旋；
11—光管固定螺钉；12—直角形光管；
13—测杆提升器；14—测杆及测头；
15—工作台

$$K = \frac{t}{s} = \frac{f\tan 2\alpha}{b\tan\alpha} \qquad (5-1-1)$$

当 α 很小时，$\tan 2\alpha \approx 2\alpha$，$\tan\alpha \approx \alpha$，因此

$$K = \frac{2f}{b} \qquad (5-1-2)$$

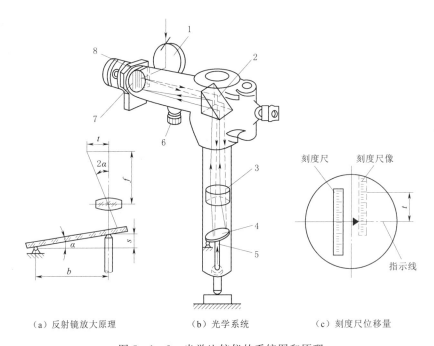

（a）反射镜放大原理　　　　　（b）光学系统　　　　　（c）刻度尺位移量

图 5-1-2　光学比较仪的系统图和原理

1—反射镜；2—直角棱镜；3—物镜；4—反射镜；5—测杆；6—微调螺旋；7—刻度尺像；8—刻度尺

立式光学计的目镜放大倍数为 12，$f=200\text{mm}$，$b=5\text{mm}$，故仪器的总放大倍数 n 为

$$n=12K=12\,\frac{2f}{b}=12\times\frac{2\times200}{5}=960\approx1000$$

由此说明，当测杆移动一个微小的距离 0.001mm 时，经过了 1000 倍的放大后，就相当于在明视距离下看到移动了 1mm 一样。

三、实验仪器和用具

立式光学比较仪、被测轴和相同尺寸量块各 1 组。

四、实验步骤

（1）选择测头。根据被测零件表面的几何形状来选择测量头，使测量头与被测表面的接触面最小，即尽量满足点或线接触。测量头有球形、平面形和刀口形三种。测量平面或圆柱面零件时选用球形测头。测量球面零件时选用平面形测头。测量小圆柱面（小于 10mm 的圆柱面）零件时选用刀口形测头。

（2）按被测零件的基本尺寸组合量块。

（3）通过变压器接通电源。拧动 4 个螺钉 2，调整工作台 15 的位置，使它与测杆 14 的移动方向垂直（通常，实验室已调整好此位置，切勿再拧动任何一个螺钉 2）。

（4）将量块组放在工作台 15 的中央，并使测头 14 对准量块的上测量面的中心点，按下列步骤进行量仪示值零位调整。

1）粗调整：松开螺钉 4，转动螺圈 3，使横臂 5 缓缓下降，直到测头与量块测量面接触，且从目镜 9 的视场中看到刻线尺影像为止，然后拧紧螺钉 4。

2）细调整：松开螺钉 11，转动细调螺旋 6，使刻线尺零刻线的影像接近固定指示线（±10 格以内），然后拧紧螺钉 11。细调整后的目镜视场如图 5-1-3（a）所示。

3）微调整：转动微调螺旋 10，使零刻线影像与固定指示线重合。微调整后的目镜视场如图 5-1-3（b）所示。

4）按动测杆提升器 13，使测头起落次数，检查示值稳定性。要求示值零位变动不超过 1/10 格，否则应查找原因，并重新调整示值零位，直到示值零位稳定不变，方可进行测量工作。

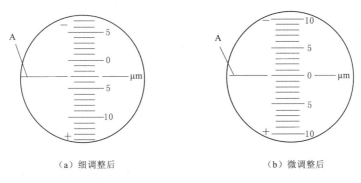

（a）细调整后 　　　　　　　　　　　　（b）微调整后

图 5-1-3 目镜视场

A—固定指示线

（5）测量轴径：按实验规定的部位（参见图 5-1-4，在三个横截面上两个相互垂直的径向位置上）进行测量，并将测量结果填入实验报告。

（6）根据被测零件的要求，判断被测零件的合格性。

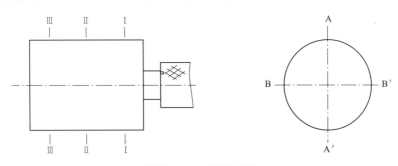

图 5-1-4 测量位置

五、实验分析与结论

测得的实际偏差加上基本尺寸则为实际尺寸。全部测量位置的实际尺寸应满足最大、最小极限尺寸的要求。考虑测量误差，工件公差应减少两倍测量不确定度的允许值 A（安全裕度值），即局部实际尺寸应满足上、下验收极限，即

$$EI(ei) + A \leq Ea(ea) \leq ES(es) - A \qquad (5-1-3)$$

式中：EI（ei）为孔（轴）的下偏差；ES（es）为孔（轴）的上偏差；Ea（ea）为孔（轴）的实际尺寸；A 为测量不确定度的允许值。

按轴、孔上述尺寸公差要求，判断其合格性，填入实验报告。

六、注意事项

（1）测量前应先擦净零件表面及仪器工作台。

（2）操作要小心，不得有任何碰撞，调整时观察指针位置，不应超出标尺示值范围。

（3）使用量块时要正确推合，防止划伤量块测量面。

（4）取拿量块时最好用竹镊子夹持，避免用手直接接触量块，以减少手温对测量精度的影响。

（5）注意保护量块工作面，禁止量块碰撞或掉落地上。

（6）量块用后，要用航空汽油洗净，用绸布擦干并涂上防锈油。

（7）测量结束前，不应拆开块规，以便随时校对零位。

七、讨论与思考

（1）用立式光学比较仪测量轴径属于绝对测量还是相对测量？

（2）什么是分度值、刻度间距？

（3）仪器的测量范围和刻度尺的示值范围有何不同？

实验二　零件直线度误差检测

一、实验目的

（1）掌握直线度误差测量技能。

（2）掌握直线度误差数据处理方法。

（3）正确判断零件直线度是否合格。

（4）加深对直线度公差与误差的定义及特征的理解。

二、实验原理

（一）检测方法

直线度误差的测量方法常用点测法，即用测微仪测量直线上的若干点的误差，见表 5-2-1。经过数据处理后得出直线误差，与直线度公差对比后判断直线是否合格。

表 5-2-1　　　　　　测 量 点 的 误 差

测点	0	1	2	3	4	5	6	7	8	9	10
示值/mm	0	+0.01	+0.03	-0.02	-0.03	-0.01	-0.02	0	+0.01	+0.02	0

（二）数据处理

1. 两端点连线法计算直线误差

将测量数据绘成坐标图线，用直线连接点 A 和 B，图中最大值减去最小值（$f_{AB} = h_{max} - h_{min}$）即为所测的直线误差，如图 5-2-1 所示。

2. 最小条件法计算直线误差

将测量数据绘成坐标图线，将图中两个最高点（或两个最低点）连成直线，过另一个最低点（或最高点）作平行于两个最高点（或两个最低点）直线的直线，两条平行线与纵坐标相交的距离即为所测的直线，如图 5-2-2 所示。

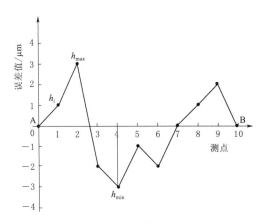

图 5-2-1 两端点连线法   图 5-2-2 最小条件法

三、实验仪器和用具

江西南昌大学"零件形位误差测量与检验"组合训练装置。

四、实验步骤

(1) 按图 5-2-3 在"零件形位误差测量与检验"组合训练装置中找出相应零件,擦净被测零件表面,并组装好检测装置。

(2) 在"零件形位误差测量与检验"组合训练装置中找出被测零件图纸(图纸一),并将图纸中的直线度公差值填入表 5-2-2 中。

(3) 调整百分表架,使百分表测头接触被检测零件直线上的任一点,使百分表的小表盘示值大致在中间位置。

(4) 移动滑座,使百分表测头分别接触测量块直线上的点 0 和点 10,调整高度使两点的百分表大表盘的示值调整为 0,并填入表 5-2-2 中。

图 5-2-3 直线度误差检测组合装置

(5) 在测量块直线上再测量点 1~9,将测量数据填入表 5-2-2 中。

表 5-2-2   测 量 数 据 统 计

测点	0	1	2	3	4	5	6	7	8	9	10	图纸公差	计算值 (f_{AB})	合格	精度
示值 /mm													两端点连线法		
													最小条件法		

五、实验分析与结论

（一）直线度误差数据处理

1. 两端点连线法计算直线度误差

将测量数据在图 5 - 2 - 4 中绘成坐标图线，用直线连接 A 和 B 点，图中最大值减去最小值（$f_{AB} = h_{max} - h_{min}$）即为所测的直线度误差，将直线误差填入表 5 - 2 - 2 中。

2. 最小条件法计算直线度误差

将测量数据在图 5 - 2 - 5 中绘成坐标图线，将图中两个最高点（或两个最低点）连成直线，过另一个最低点（或最高点）作平行于两个最高点（或两个最低点）直线的直线。两条平行线与纵坐标相交的距离即为所测的直线度误差 f_{AB}。将直线度误差填入表 5 - 2 - 2 中。

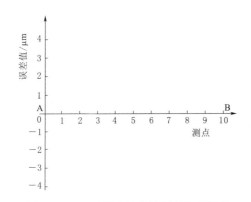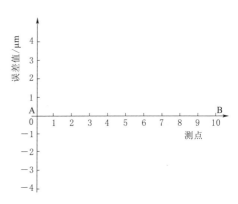

图 5 - 2 - 4　两端点连线计算直线度误差　　　　图 5 - 2 - 5　最小条件法计算直线度误差

（二）直线度误差合格判断

用计算出的测量块直线度误差与图纸直线度公差进行比较，判断该零件的直线度误差是否合格。在表 5 - 2 - 2 中，合格打√，不合格打×。

（三）误差精度分析

分析两端点连线法与最小条件法计算导轨直线度误差精度的高低，在表 5 - 2 - 2 "精度"中填入高或低。

六、讨论与思考

按最小条件法和两端点连线法评定直线度误差有何区别？

实验三　零件垂直度误差检测

一、实验目的

（1）掌握垂直度误差测量技能及数据处理方法。

（2）正确判断零件垂直度是否合格。

（3）加深理解垂直度误差及垂直度公差的概念。

二、实验原理

1. 检测方法

垂直度误差的测量方法常用线测法，其原理如图 5-3-1 (a) 所示。用百分表按图 5-3-1 (b) 所示线路测量被测表面，经过数据处理后得出垂直度误差，与垂直度公差对比后判断平面的垂直度是否合格。

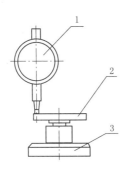

(a) 垂直度误差测量原理图   (b) 垂直度误差测量线路图

图 5-3-1 垂直度误差测量方法

1—百分表；2—测量轴；3—支承座

2. 数据处理

将测量数据填入表 5-3-1 中。表中的最大值减最小值，即为该平面的垂直度误差。

表 5-3-1   测 量 数 据

测 量 点	最 大 值	最 小 值	垂 直 度 误 差
示值/mm	+0.03	-0.03	0.06

三、实验仪器和用具

江西南昌大学《零件形位误差测量与检验》组合训练装置。

四、实验步骤

1. 检测准备

（1）按图 5-3-2 在《零件形位误差测量与检验》组合训练装置中找出相应零件，擦净被测零件表面，并组装好检测装置。

（2）在《零件形位误差测量与检验》组合训练装置中找出被测零件图纸（图纸四、五），并将图纸中的垂直度公差值填入表 5-3-2 中。

图 5-3-2 平面垂直度
误差检测组合装置

表 5-3-2   垂 直 度 公 差 值

测量点	最大值	最小值	垂直度误差	垂直度公差	合格否
示值/mm					

2. 平面的垂直度误差检测

(1) 将被测零件放在平板上。

(2) 按图 5-3-1 (b) 所示线路测量被测表面，将测量数据填入表 5-3-2 中。

五、实验分析与结论

(1) 对表 5-3-2 中检测的数据进行分析，表中的最大值减最小值，即为该零件的垂直度误差。

(2) 将测量出的垂直度误差与图纸四中的垂直度公差进行对比，并将结果填入表 5-3-2 中，合格打√，不合格打×。

六、讨论与思考

上述零件测量垂直度误差和平行度误差值相同吗？为什么？

实验四　轴类零件形位误差测量

一、实验目的

(1) 了解轴类零件的检测项目及形位误差测量的仪器设备原理、使用方法。

(2) 掌握轴类零件形位误差测量的测量方法及数据处理方法。

(3) 加深对轴类零件圆度、圆柱度、同轴度、圆跳动、径向全跳动定义的理解。

二、实验原理

轴类零件是应用较多的两大类机械零件之一，对于轴类零件，检测项目一般包括各种尺寸、形位误差、表面粗糙度等，本实验主要测量轴类零件各种形位误差。

1. 轴类零件圆度、圆柱度误差的测量方法

(1) 圆度误差的测量方法常用截面测量法，即用测微仪测量圆柱垂直中心线的若干截面上的圆度误差，如图 5-4-1 所示。经过数据处理后得出圆度误差，与圆度公差对比后判断圆柱面是否合格。

某一截面上的圆度误差为该截面上最大值与最小值的差值的 1/2；圆柱面上的圆度误差为所有截面上最大圆度误差，见表 5-4-1。

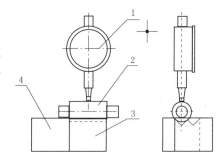

图 5-4-1　圆度误差测量
方法、圆柱度误差测量方法
1—百分表；2—测量轴；
3—V 形块 1；4—V 形块 2

表 5-4-1			圆　度　误　差			单位：mm
测量截面	I	II	III	VI	V	圆度误差
最大值	+0.04	+0.01	+0.03	−0.01	+0.01	
最小值	−0.01	−0.03	+0.01	−0.04	−0.01	0.025
圆度误差	0.025	0.02	0.01	0.015	0.01	

(2) 圆柱度误差的测量方法也是用截面测量法，即用测微仪测量圆柱垂直中心线的若干截面上的圆误差，如图 5-4-1 所示。经过数据处理后得出圆柱度误差，与圆柱度公差

对比后判断圆柱面的圆柱度是否合格。

所有截面上的最大值与所有截面上的最小值的差值的 1/2 为该圆柱面的圆柱度误差，见表 5 - 4 - 2。

表 5 - 4 - 2　　　　　　　　　　　　圆 柱 度 误 差　　　　　　　　　　　　单位：mm

测量截面	I	II	III	VI	V	圆柱度误差
最大值	+0.04	+0.01	+0.03	−0.01	+0.01	0.04
最小值	−0.01	−0.03	+0.01	−0.04	−0.01	

2. 轴类零件同轴度误差的测量方法

同轴度误差常用跳动仪来测量，即用跳动仪测量圆柱面上的若干圆截面相对于基准圆柱面的跳动误差。经过数据处理后得出同轴度误差，与同轴度度公差对比后判断被测圆柱面与基准圆柱面的同轴度是否合格。

将测量数据填入表 5 - 4 - 3 中，表中的最大误差值即为该圆柱面的同轴度误差。

表 5 - 4 - 3　　　　　　　　　　　　同 轴 度 误 差　　　　　　　　　　　　单位：mm

测量截面	I	II	III	VI	V	同轴度误差（最大误差值）
最大值	+0.04	+0.01	+0.03	−0.01	+0.01	0.05
最小值	−0.01	−0.03	+0.01	−0.04	−0.01	
误差值	0.05	0.04	0.02	0.03	0.02	

3. 轴类零件圆跳动、径向全跳动误差的测量方法

（1）径向圆跳动误差常用跳动仪来测量，即用跳动仪测量圆柱面上的若干圆截面相对于基准轴心线的跳动误差，如图 5 - 4 - 2 所示。经过数据处理后得出径向圆跳动误差，与径向圆跳动公差对比后判断被测圆柱面与基准轴心线的径向圆跳动是否合格。

1）在被测零件回转一周过程中百分表读数最大差值即为单个测量截面上的径向圆跳动误差。

2）沿轴向选择 5 个测量截面进行测量，并将测量数据填入表 5 - 4 - 4 中。表中截面的最大差值即为该零件的径向圆跳动误差。

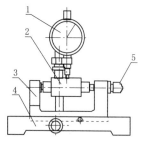

图 5 - 4 - 2　径向圆跳动误差测量方法

1—百分表；2—测量轴；3—滑座；4—底座；5—微调螺丝

表 5 - 4 - 4　　　　　　　　　　　　径 向 圆 跳 动 误 差　　　　　　　　　　　　单位：mm

测量截面	I	II	III	VI	V	径向圆跳动误差
最大值	+0.04	+0.01	+0.03	−0.01	+0.01	0.05
最小值	−0.01	−0.03	+0.01	−0.04	−0.01	
差值	0.05	0.04	0.02	0.03	0.02	

（2）径向全跳动误差的测量。径向全跳动是控制圆柱面在整个轴线上的跳动量。公差带是半径差值为 t（公差值）且与基准同轴的两个圆柱面之间的区域，如图 5-4-3 所示。

径向全跳动误差常用跳动仪来测量，即用跳动仪测量圆柱面上的若干圆截面相对于基准轴心线的跳动误差，如图 5-4-4 所示。记录所有截面测得的最大值和最小值，并取其中的最大值和最小值之差为径向全跳动误差值。经过数据处理后得出的径向全跳动误差，与径向全跳动公差对比后判断被测圆柱面与基准轴心线的径向全跳动是否合格。

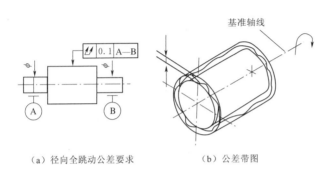

（a）径向全跳动公差要求　　（b）公差带图

图 5-4-3　径向全跳动的控制要素及公差带

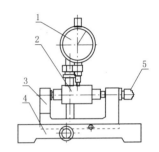

图 5-4-4　径向全跳动检测方法
1—百分表；2—测量轴；3—滑座；
4—底座；5—微调螺丝

沿轴向选择 5 个测量截面进行测量，并将测量数据填入表 5-4-5 中。表中的最大值与最小值的差值即为该零件的径向全跳动误差。

表 5-4-5　　　　　　　　　　径向全跳动误差　　　　　　　　　　单位：mm

测量截面	I	II	III	VI	V	径向全跳动误差（最大差值）
最大值	+0.04	+0.01	+0.03	-0.01	+0.01	0.08
最小值	-0.01	-0.03	+0.01	-0.04	-0.01	

三、实验仪器和用具

江西南昌大学《零件形位误差测量与检验》组合训练装置。

四、实验步骤

1. 检测准备

（1）按图 5-4-5 在《零件形位误差测量与检验》组合训练装置中找出相应零件，擦净被测零件表面，并组装好检测装置。

（2）在《零件形位误差测量与检验》组合训练装置中找出被测零件图纸（图纸三），并将图纸中的圆柱度公差值填入表 5-4-6 中。

图 5-4-5　圆度、圆柱度
误差检测组合装置

表5-4-6			圆柱度公差值				单位：mm	
测量截面	I	II	III	VI	V	圆柱度误差	圆柱度公差	合格否
最大值								
最小值								

2. 圆柱度误差检测

（1）将被测零件放在V形块上。

（2）调整百分表架，使百分表测头接触被测零件某一截面点上，使百分表的小表盘示值大致在中间位置，并将百分表的大表盘示值调整为0。

（3）回转被测零件一圈，将百分表读数的最大值和最小值填入表5-4-6中。

（4）按上述方法选择5个截面测量，将所有截面的最大值和最小值填入表5-4-6中；表中所有截面上的最大值与所有截面上的最小值的差值的1/2为该圆柱面的圆柱度误差。

（5）将圆柱度误差值与图纸三中的圆度公差比较，将结果填入表5-4-6中。合格打√，不合格打×。

3. 同轴度误差检测

（1）按图5-4-6在《零件形位误差测量与检验》组合训练装置中找出相应零件，擦净被测零件表面，并组装好检测装置。

（2）在《零件形位误差测量与检验》组合训练装置中找出被测零件图纸（图纸三），并将图纸中的同轴度公差值填入表5-4-7中。

表5-4-7			同 轴 度 公 差 值				单位：mm	
测量截面	I	II	III	VI	V	同轴度误差（最大误差值）	同轴度公差	合格否
最大值								
最小值								
误差值								

（3）将被测零件放在V形支架上。

（4）调整百分表支架，使百分表头与被测零件某一截面点接触（百分表应有示值，并调零），零件回转一周过程中，百分表读数的最大值与最小值的差值为该截面圆的同轴度误差。

（5）按上述方法选择5个截面测量同轴度误差值，将测量数据填入表5-4-7中，表中截面的最大误差值为该零件的同轴度误差。

（6）测量出的同轴度误差与图纸二中的同轴度公差进行对比，将结果填入表5-4-7中。合格打√，不合格打×。

4. 径向圆跳动误差检测

按图5-4-7在《零件形位误差测量与检验》组合训练装置中找出相应零件，擦净被测零件表面，并组装好检测装置。

图 5-4-6　同轴度误差检测组合装置　　　　图 5-4-7　径向圆跳动、全跳动误差检测组合装置

（1）将测量轴装在跳动仪的同轴顶尖上，调整两顶尖距离，使用轻力可转动测量轴，无轴向移动，并用螺钉锁紧。

（2）调整百分表架，使百分表测头接触被测零件某一截面点上，使百分表的小表盘示值大致为 1 的数值，并将百分表的大表盘示值调整为 0。

（3）被测零件回转一圈过程中，百分表读数的最大值与最小值的差值为该截面的径向圆跳动误差。

（4）按上述方法选择 5 个截面测量径向圆跳动误差值，将测量数据填入表 5-4-8 中，表中截面的最大误差值为该零件的径向圆跳动误差。

表 5-4-8　　　　　　　　　　　径 向 圆 跳 动 误 差 值　　　　　　　　　　　单位：mm

测量截面	I	II	III	VI	V	径向圆跳动误差（最大误差值）	径向圆跳动公差	合格否
最大值								
最小值								
差值								

（5）将测量出的径向圆跳动误差与图纸二中的径向圆跳动公差进行对比，将结果填入表 5-4-8 中。合格打√，不合格打×。

5. 径向全跳动误差检测

按图 5-4-8 在《零件形位误差测量与检验》组合训练装置中找出相应零件，擦净被测零件表面，并组装好检测装置。

（1）将测量轴装在跳动仪的同轴顶尖上，调整两顶尖距离，使用轻力可转动测量轴，无轴向移动，并用螺钉锁紧。

（2）选择 5 个截面测量径向圆跳动误差值，将测量数据填入表 5-4-9 中，表中最大值与最小值的差值即为该零件的径向全跳动误差。

（3）将圆柱面径向全跳动误差与图纸径向全跳动公差对比，判断圆柱全跳动是否合格。合格打√，不合格打×。

表 5-4-9　　　　　　　　　　径向全跳动误差　　　　　　　单位：mm

测量截面	Ⅰ	Ⅱ	Ⅲ	Ⅵ	Ⅴ	径向全跳动误差（最大值与最小值的差值）	径向全跳动公差	合格否
最大值								
最小值								

五、实验分析与结论

将测量读数值（最大值）与图样标注的公差值比较，判断其合格性。

六、讨论与思考

通过上面的实验，分析同一根轴零件，其圆度、圆柱度、同轴度、径向圆跳动和径向全跳动误差的数值大小有何关联，为什么？

第六章 热 工 理 论

实验一 雷 诺 数 实 验

一、实验目的

(1) 观察液体在不同流动状态时流体质点的运动规律。

(2) 观察流体由层流变紊流及由紊流变层流的过渡过程。

(3) 测定液体在圆管中流动时的下临界雷诺数 Re_{c2}。

二、实验原理

流体在管道中流动,有两种不同的流动状态,其阻力性质也不同。在实验过程中,保持水箱中的水位恒定,即水头 H 不变。如果管路中出口阀门开启较小,在管路中就有稳定的平均速度 v,微开红色水阀门,这时红色水与自来水同步在管路中沿轴线向前流动,红色水呈一条红色直线,其流体质点没有垂直于主流方向的横向运动,管内红色直线没有与周围的液体混杂,层次分明地在管道中流动。此时,在流速较小而黏性较大和惯性力较小的情况下运动,为层流运动。如果将出口阀门逐渐开大,管路中的红色直线出现脉动,流体质点还没有出现相互交换的现象,流体的流动呈临界状态。如果将出口阀门继续开大,出现流体质点的横向脉动,使红色线完全扩散与自来水混合,此时流体的流动为紊流运动。雷诺用实验说明流动状态不仅和流速 v 有关,还和管路直径 d、流体的动力黏度 μ、密度 ρ 有关。以上四个参数可组合成一个无因次数,叫作雷诺数,用 Re 表示,为

$$Re = \frac{\rho v d}{\mu} = \frac{v d}{\nu} \tag{6-1-1}$$

根据连续方程

$$\begin{cases} Av = Q \\ v = \dfrac{Q}{A} \end{cases} \tag{6-1-2}$$

流量 Q 用体积法测出,即在 Δt 时间内流入计量水箱中流体的体积 ΔV。

$$Q = \frac{\Delta V}{\Delta t} \tag{6-1-3}$$

$$A = \frac{\pi d^2}{4} \tag{6-1-4}$$

式中:A 为管路的横截面积;d 为管路直径;v 为流速;ν 为水的黏度。

三、实验设备

雷诺数及文丘里流量计实验台,如图 6-1-1 所示。

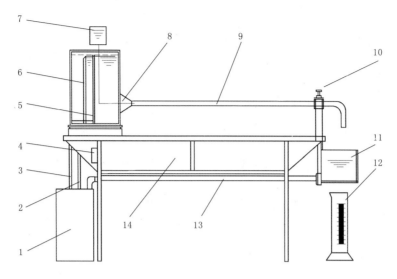

图 6-1-1 雷诺数及文丘里流量计实验台

1—水箱及潜水泵；2—上水管；3—溢流管；4—电源；5—整流栅；6—溢流板；
7—墨盒（下有阀门）；8—墨针；9—实验管；10—调节阀；11—接水箱；
12—量杯；13—回水管；14—实验桌

四、实验步骤

（1）准备工作：将水箱充水至隔板溢流流出，将进水阀门关小，继续向水箱供水，以保持水头 H 不变。

（2）缓慢开启调节阀 10，使玻璃管中水稳定流动，并开启红色阀门 7，使红色水以微小流速在玻璃管内流动，呈层流状态。

（3）开大出口阀门 7，使红色水在玻璃管内的流动呈紊流状态，再逐渐关小出口阀门 7，观察玻璃管中出口处的红色水刚刚出现脉动状态但还没有变为层流时，测定此时的流量。重复三次，即可算出下临界雷诺数。

五、数据记录及处理

（1）数据记录见表 6-1-1。

表 6-1-1 数 据 记 录

次数	$\Delta V/\text{m}^3$	T/s	$Q/(\text{m}^3/\text{s})$	$v_c/(\text{m/s})$	Re_{c2}
1					
2					
3					

$D=$　　　mm　　　　　　水温 =　　　℃

（2）数据处理。

$$Re_{c2}=\frac{v_c d}{\nu} \tag{6-1-5}$$

实验二　文丘里流量计实验

一、实验目的

（1）熟悉伯努利方程和连续方程的应用。

（2）测定文丘里流量计的流量系数。

二、实验原理

图 6-2-1 为一文丘里管。文丘里管前 1—1 断面及喉管处 2—2 断面截面面积分别为 A_1、A_2，两处流速分别为 v_1、v_2。

当理想不可压缩流体定常地流经管道时，1—1、2—2 两截面的伯努利方程为

$$\frac{P_1}{\gamma}+\frac{v_1^2}{2g}=\frac{P_2}{\gamma}+\frac{v_2^2}{2g} \qquad (6-2-1)$$

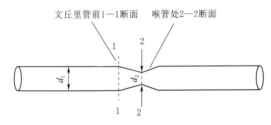

图 6-2-1　文丘里管

连续方程为

$$A_1v_1=A_2v_2 \qquad (6-2-2)$$

由式（6-2-2）可得

$$v_2=\left(\frac{d_1}{d_2}\right)^2 v_1 \qquad (6-2-3)$$

将 v_2 代入式（6-2-1），解出 v_1 为

$$v_1=\sqrt{\frac{2g}{\left(\dfrac{d_1}{d_2}\right)^4-1}\times\frac{P_1-P_2}{\gamma}} \qquad (6-2-4)$$

如将静压 P_1 和 P_2 用实验测量值 h_1、h_2 表示，则有

$$\begin{cases} P_1=\gamma h_1 \\ P_2=\gamma h_2 \\ h_1-h_2=\Delta h \end{cases} \qquad (6-2-5)$$

代入式（6-2-4）则有

$$v_1=\sqrt{\frac{2g\,\Delta h}{\left(\dfrac{d_1}{d_2}\right)^4-1}} \qquad (6-2-6)$$

通过文丘里管的理论流量为

$$Q'=v_1 A_1=\frac{\pi}{4}d_1^2\sqrt{\frac{2g\,\Delta h}{\left(\dfrac{d_1}{d_2}\right)^4-1}} \qquad (6-2-7)$$

考虑到实际流体在流动过程中有损失及其他一些因素的影响，式（6-2-7）应乘以一个修正系数 C_d，得到实际流量计算式：

$$Q=C_d\,\frac{\pi}{4}d_1^2\sqrt{\frac{2g\,\Delta h}{\left(\dfrac{d_1}{d_2}\right)^4-1}} \qquad (6-2-8)$$

式中：C_d 为流量系数（无因次），一般 $C_d < 1$；d_1 为文丘里管直管段直径；d_2 为文丘里管喉部（最小截面处）直径；Δh 为测压管水柱差。

三、实验设备

雷诺数及文丘里流量计实验台，如图 6-1-1 所示。

四、实验步骤

(1) 测记各有关常数。

(2) 打开水泵，调节进水阀门，全开出水阀门，使压差达到测压计可测量的最大高度。

(3) 测读压差，同时用体积法测量流量。

(4) 逐次关小调节阀，改变流量 7~9 次，注意调节阀门应缓慢。

(5) 把测量值记录在实验表格内，并进行有关计算。

(6) 如测管内液面波动时，应取平均值。

五、数据记录及处理

$d_1 = 14\text{mm}$，$d_2 = 8\text{mm}$，$t = \underline{\quad}℃$，$\nu = \underline{\quad} \text{m}^2/\text{s}$（水的黏度与温度的关系表），计量水箱长度 $A = 20\text{cm}$，计量水箱宽度 $B = 20\text{cm}$。

计算公式为

$$\begin{cases} v_1 = \dfrac{Q}{A_1} = \dfrac{4Q}{\pi d_1^2} \\ Re = \dfrac{v_1 d_1}{\upsilon} \quad \text{（流量用体积法测出）} \\ C_d = \dfrac{Q}{Q'} \\ \Delta h = \overline{h}_3 - \overline{h}_4 \end{cases}$$

结果填入表 6-2-1 和表 6-2-2。

表 6-2-1　　　　　　　　　　流　量　测　量　数　据

次数	水箱长度/m	水箱宽度/m	计量高度/m	测量时间/s	测量体积/m³	测量流量/(m³/s)
1						
2						
3						
4						
5	0.2	0.2				
6						
7						
8						
9						

表 6 - 2 - 2   数 据 记 录 及 计 算

次数	Re	$\overline{h}_1$	$\overline{h}_2$	$\overline{h}_3$	$\overline{h}_4$	$\overline{h}_5$	$\overline{h}_6$	$\Delta h/\mathrm{mm}$	计算流量 $Q'/(\mathrm{m}^3/\mathrm{s})$	流量系数 C_d
1										
2										
3										
4										
5										
6										
7										
8										
9										

取文丘里管流量系数 C_d 的平均值得：$\overline{C_\mathrm{d}}=$ _____。

实 验 三 沿 程 水 头 损 失 实 验

一、实验目的

(1) 掌握管道沿程阻力系数 λ 的测量技术。

(2) 通过测定不同雷诺数 Re 时的沿程阻力系数 λ，从而掌握 λ 与 Re 等的影响关系。

二、实验设备

沿程水头损失实验装置如图 6 - 3 - 1 所示。

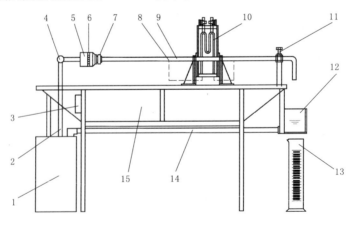

图 6 - 3 - 1 沿程水头损失实验装置

1—水箱（内置潜水泵）；2—供水管；3—电源；4—供水分配管；5—稳压筒；6—整流栅板；

7—更换活节；8—测压嘴；9—实验管道；10—差压计；11—调节阀门；

12—调整及计量水箱；13—量杯；14—回水管；15—实验桌

三、实验原理

实际（黏性）流体流经管道时，由于流体与管壁以及流体本身的内部摩擦，使得流体能量沿流动方向逐渐减少，损失的能量称作沿程阻力损失。

影响沿程阻力损失的因素有管长 L、管径 d、管壁粗糙度 Δ、流体的平均流速 v、密度 ρ、黏度 μ 和流态等。由于黏性流体的复杂性，只用数学分析方法是很难找出它们之间关系式的，必须配以实验研究和半经验理论。根据量纲分析方法，得出的沿程阻力损失 h_f 表达式为

$$h_f = f\left(Re, \frac{\Delta}{d}\right)\frac{L}{d}\frac{v^2}{2g} \qquad (6-3-1)$$

令

$$\lambda = f\left(Re, \frac{\Delta}{d}\right)$$

则有

$$h_f = \lambda \frac{L}{d}\frac{v^2}{2g} \qquad (6-3-2)$$

式中：λ 为沿程阻力系数，$\lambda = f\left(Re, \dfrac{\Delta}{d}\right)$ 表示 λ 是雷诺数 Re 和管壁相对粗糙度 Δ/d 的函数。

用差压计测出 h_f；用体积法测得流量，并算出断面平均流速 v，即可求得沿程阻力系数 λ。

四、实验步骤

(1) 本实验设备共有粗、中、细不同管径的三组实验管，每组做 6 个实验点。

(2) 把不进行实验管组的进水阀门关闭。

(3) 开启实验管组的进水阀门，使压差达到最大高度，作为第一个实验点。

(4) 测读水柱高度，并计算高度差。

(5) 用体积法测量流量，并测出水温。

(6) 做完第一个点后，再逐次减小进水阀门的开度，依次做其他实验点。

(7) 做完一根管组后，其他管组可按上述步骤进行实验。

(8) 将粗、中、细管道的实验点绘制成 $\lg Re - \lg 100\lambda$ 曲线。

五、实验数据及处理

(1) 记录有关常数：粗管 $d_1 = 0.02\text{m}$，中管 $d_2 = 0.014\text{m}$，细管 $d_3 = 0.010\text{m}$，三管的长度 $L_1 = L_2 = L_3 = 1\text{m}$。实验过程中：水温 $t =$ _____ ℃，黏度 $\nu =$ _____ m^2/s，水的密度 $\rho = 1 \times 10^3 \text{kg/m}^3$。

(2) 测量值记录在表 6 - 3 - 1 中。

表 6 - 3 - 1　　　　　　　　流　量　测　量　数　据

次数	水箱长度/m	水箱宽度/m	计量高度/m	测量时间/s	测量体积/m³	测量流量/(m³/s)
1						
2	0.2	0.2				
3						

次数	水箱长度/m	水箱宽度/m	计量高度/m	测量时间/s	测量体积/m³	测量流量/(m³/s)
4						
5	0.2	0.2				
6						
1						
2						
3	0.2	0.2				
4						
5						
6						

（3）数据计算见表 6-3-2。

表 6-3-2　　　　　　　　　　　　　数 据 计 算

类别	次数	h_1/m	h_2/m	Δh_{Hg}/m	Δh_{H_2O}/m	T/s	Q/(m³/s)	v/(m/s)	Re	$\lg Re$	λ	$\lg 100\lambda$
粗管	1											
	2											
	3											
	4											
	5											
	6											
中管	1											
	2											
	3											
	4											
	5											
	6											
细管	1											
	2											
	3											
	4											
	5											
	6											

（4）绘制曲线。依据表 6-3-2 中的数据绘制出 $\lg Re$-$\lg 100\lambda$ 曲线。

六、讨论与思考

依据 $\lg Re$-$\lg 100\lambda$ 曲线进行分析。

（1）如在同一管道中以不同液体进行实验，当流速相同时，其水头损失是否相同？

（2）若同一流体经两个管径相同、管长相同，而粗糙度不同的管路，当流速相同时，其水头损失是否相同？

（3）有两根直径、长度、绝对粗糙度相同的管路，输送不同的液体，当两管道中液体雷诺数相同时，其水头损失是否相同？

为实验方便，附上水的黏度与温度的关系，见表 6 - 3 - 3。

表 6 - 3 - 3　　　　　　　　　水的黏度与温度的关系

温度/℃	$\mu \times 10^3/(Pa \cdot s)$	$\nu \times 10^6/(m^2/s)$	温度/℃	$\mu \times 10^3/(Pa \cdot s)$	$\nu \times 10^6/(m^2/s)$
0	1.792	1.792	40	0.656	0.661
5	1.519	1.519	45	0.599	0.605
10	1.308	1.308	50	0.549	0.556
15	1.140	1.141	60	0.469	0.477
20	1.005	1.007	70	0.406	0.415
25	0.894	0.897	80	0.357	0.367
30	0.801	0.804	90	0.317	0.328
35	0.723	0.727	100	0.284	0.296

实验四　气体定压比热测定实验

一、实验目的
（1）了解气体比热测定装置的基本原理和构思。
（2）熟悉本实验中的测温、测压、测热、测流量的方法。
（3）掌握由基本数据计算出比热值和求得比热公式的方法。
（4）分析本实验中产生误差的原因及减小误差的可能途径。

二、实验装置
本实验装置由气体流量计、比热仪主体、功率表及测量系统四部分组成，如图 6 - 4 - 1 所示。

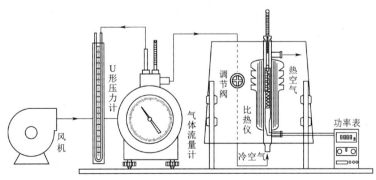

图 6 - 4 - 1　实验装置

三、实验原理

实验时被测空气（也可以是其他气体）由风机经流量计送入比热仪主体，经加热、均流、旋流、混流后流出，在此过程中，分别测定：

(1) 气体在流量计出口处的干、湿球温度 t_0、t_w(℃)。

(2) 气体流经比热仪主体的进口、出温度 t_1、t_2。

(3) 气体的体积流量 V(L)。

(4) 电热器的输入功率 W(W)。

(5) 实验时相应的大气压力 P_0(Pa)。

(6) 流量计出口处的表压 Δh(mmH$_2$O)。

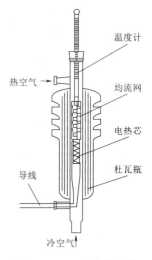

图 6-4-2 比热仪主体

有了这些数据，并查用相应的物性参数表，即可计算出被测气体的定压比热 C_P。气体的流量由节流阀控制，气体的出口温度由输入电热器的功率调节，本比热仪可测定 300℃ 以下气体的定压比热。

四、实验步骤

(1) 接通电源和测量仪表，选择所需要的出口温度计插入混流网的凹槽中。

(2) 摘下流量计上的温度计，开动风机，调节节流阀，使流量保持在额定值附近。测出流量计出口处的干球温度 t_0 和湿球温度 t_w。

(3) 将温度计插回流量计，调节节流阀，使流量保持在额定值附近，逐渐提高电热器功率，使出口温度升至预计温度，可以根据下式预先估计所需电功率：

$$W = 12\frac{\Delta t}{\tau} \qquad (6-4-1)$$

式中：W 为电热器的输入功率，W；Δt 为进、出口气体温度差，℃；τ 为每流过 10L 空气所需时间，s。

(4) 待出口温度稳定后（出口温度在 10min 之内无变化或只有微小变化，即可视为稳定），读出下列数据：

1) 每 10L 空气通过流量计所需时间 τ(s)。

2) 比热仪的出口温度 t_2(℃)。

3) 比热仪的进口温度 t_1(℃)。

4) 当时大气压力 P_0(mmHg)。

5) 流量计出口处的表压 Δh(mmH$_2$O)。

6) 电热器的输入功率 W(W)。

五、数据处理

(1) 根据流量计出口处空气的干、湿球温度，从湿空气的干湿图中查出含湿量（d，g/kg 干空气），并根据下式计算出水蒸气的压力成分：

$$r_w = \frac{\dfrac{d}{622}}{1+\dfrac{d}{622}} \qquad (6-4-2)$$

（2）根据电热器消耗的电功率，可算出电热器单位时间内放出的热量：

$$\dot{Q}=W \tag{6-4-3}$$

（3）干空气（质量）流量为

$$G_g=[(1-r_w)(P_0+0.3\rho g\Delta h)\times10/1000\tau]/287(t_0+273.15) \tag{6-4-4}$$

（4）水蒸气（质量）流量为

$$G_w=[r_w(P_0+0.3\rho g\Delta h)\times10/1000\tau]/461.9(t_0+273.15) \tag{6-4-5}$$

（5）水蒸气所吸收的热（流）量为

$$\dot{Q}_w=\dot{G}_w\int_{t_1}^{t_2}(0.4404+0.0001167t)\mathrm{d}t$$

$$=4187\times\dot{G}_w[0.4404(t_2-t_1)+0.00005835(t_2^2-t_1^2)] \tag{6-4-6}$$

（6）干空气的定压比热为

$$C_p=Q_g/G_g(t_2-t_1)=(Q-Q_w)/G_g(t_2-t_1) \tag{6-4-7}$$

实验五 阀门局部阻力系数的测定实验

一、实验目的

（1）掌握管道沿程阻力系数和局部阻力系数的测定方法。

（2）了解阻力系数在不同流态、不同雷诺数下的变化情况。

（3）测定阀门不同开启度时（全开、约 30°、约 45°三种）的阻力系数。

（4）掌握三点法、四点法量测局部阻力系数的技能。

二、实验设备

阀门局部阻力系数测定实验台，如图 6-5-1 所示。

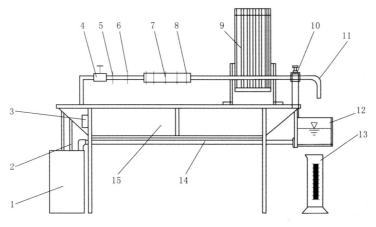

图 6-5-1 阀门局部阻力系数测定实验台

1—水箱；2—供水管；3—水泵开关；4—进水阀门；5—细管沿程阻力测试段；6—突扩；

7—粗管沿程阻力测试段；8—突缩；9—测压管；10—实验阀门；11—出水调节阀门；

12—计量箱；13—量筒；14—回水管；15—实验桌

三、实验原理

实验原理如图 6-5-2 所示。

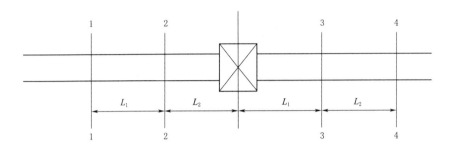

图 6-5-2　阀门的局部水头损失测压管段

对 1—1、4—4 两断面列能量方程式，可求得阀门的局部水头损失及 $2(L_1+L_2)$ 长度上的沿程水头损失，以 h_{w1} 表示，则

$$h_{w1}=\frac{p_1-p_4}{\gamma}=\Delta h_1 \qquad (6-5-1)$$

对 2—2、3—3 两断面列能量方程式，可求得阀门的局部水头损失及 (L_1+L_2) 长度上的沿程水头损失，以 h_{w2} 表示，则

$$h_{w2}=\frac{p_2-p_3}{\gamma}=\Delta h_2 \qquad (6-5-2)$$

所以阀门的局部水头损失 h_1 应为

$$h_1=2\Delta h_2-\Delta h_1 \qquad (6-5-3)$$

亦即

$$\xi\frac{v^2}{2g}=2\Delta h_2-\Delta h_1 \qquad (6-5-4)$$

故阀门的局部水头损失系数为

$$\xi=(2\Delta h_2-\Delta h_1)\frac{2g}{v^2} \qquad (6-5-5)$$

式中：v 为管道的平均流速。

四、实验步骤

(1) 本实验共进行三组：阀门全开、开启 30°、开启 45°，每组实验做三个实验点。

(2) 开启进水阀门，使压差达到测压计可量测的最大高度。

(3) 测读压差，同时用体积法量测流量。

(4) 每组三个实验点和压差值不要太接近。

(5) 绘制 $d=f(\xi)$ 曲线。

五、实验数据及处理

(1) 数据记录与计算见表 6-5-1。

表 6 - 5 - 1　　　　　　　　　　阀门局部阻力系数的测定实验数据

开启度	次数	1—1、4—4 断面			2—2、3—3 断面			$2\Delta h_2 - \Delta h_1$ /cm	W /cm³	T /s	Q /(cm³/s)	v /(cm/s)	ξ
		h_1/cm	h_2/cm	Δh_1/cm	h_1/cm	h_2/cm	Δh_2/cm						
全开	1												
	2												
	3												
30°	1												
	2												
	3												
45°	1												
	2												
	3												

（2）绘制曲线。依据表 6 - 5 - 1 中的结果绘制出 $d = f(\xi)$ 曲线。

六、讨论与思考
（1）同一开启度，不同流量下，ξ 值应为定值抑或变值？
（2）不同开启度时，如把流量调至相等，ξ 值是否相等？

实验六　突扩突缩局部阻力损失实验

一、实验目的
（1）掌握三点法、四点法量测局部阻力系数的技能。
（2）熟悉用理论分析法和经验法建立圆管突扩突缩局部阻力系数函数式的途径。
（3）加深对局部阻力损失机理的理解。

二、实验原理
实验原理如图 6 - 6 - 1 所示。

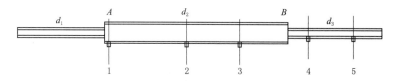

图 6 - 6 - 1　突扩突缩的局部水头损失测压管段

写出局部阻力前后两断面的能量方程，根据推导条件，扣除沿程水头损失可得：
（1）突然扩大。采用三点法计算，A 为突扩点。
实测突扩的局部水头损失 h_{ie} 为
$$h_{ie} = [(Z_1 + P_1/\gamma) + au_1^2/2g] - [(Z_2 + P_2/\gamma) + au_2^2/2g] + h_{f1-2} \quad (6-6-1)$$
式中 h_{f1-2} 由 h_{f2-3} 按流长比例换算得出。
$$\xi_e = h_{ie}/[au_1^2/2g] \quad (6-6-2)$$

73

理论：

$$\xi_e = \left(1 - \frac{A_1}{A_2}\right)^2 \tag{6-6-3}$$

$$h_{ie} = \xi_e = \left(1 - \frac{A_1}{A_2}\right)^2 = au_1^2/2g \tag{6-6-4}$$

（2）突然缩小。采用四点法计算。B 点为突缩点。

实测：

$$h_{fs} = [(Z_3 + P_3/\gamma) + au_3^2/2g] - h_{f3-B} - [(Z_4 + P_4/\gamma) + au_4^2/2g] + h_{fB-4} \tag{6-6-5}$$

h_{f3-B} 由 h_{f2-3} 换算得出，h_{fB-4} 由 h_{f4-5} 换算得出。

$$\xi_s = h_{fs}/(au_4^2/2g) \tag{6-6-6}$$

经验：

$$\xi_s = 0.5\left(1 - \frac{A_4}{A_3}\right) \tag{6-6-7}$$

三、实验步骤

（1）测记实验有关常数。

（2）打开水泵，排出实验管道中滞留气体及测压管气体。

（3）打开出水阀至最大开度，等流量稳定后，测记测压管读数，同时用体积法计量流量。

（4）打开出水阀开度 3～4 次，分别测记测压管读数及流量。

四、实验数据记录

（1）有关常数记录见表 6-6-1。

表 6-6-1　　　　　　　　　　有 关 常 数 记 录

管径 d_1/cm	管径 d_2/cm	管径 d_3/cm
$l_{1-2} = \underline{\quad\quad}$ cm	$l_{2-3} = \underline{\quad\quad}$ cm	$l_{3-B} = \underline{\quad\quad}$ cm
$l_{B-4} = \underline{\quad\quad}$ cm	$l_{4-5} = \underline{\quad\quad}$ cm	
$\xi_e' = \left(1 - \dfrac{A_1}{A_2}\right)^2$		$\xi_s' = 0.5\left(1 - \dfrac{A_4}{A_3}\right)$

（2）实验数据记录与计算分别见表 6-6-2 和表 6-6-3。

表 6-6-2　　　　　　　　　　实 验 数 据 记 录

次序	流量/(cm³/s)			测压管读数/cm					
	体积	时间	流量	1	2	3	4	5	6

表 6 - 6 - 3 实 验 数 据 计 算

阻力形式	次序	流量 /(cm³/s)	前 断 面		后 断 面		h_j/cm	ξ	h_1/cm
			$\dfrac{av^2}{2g}$/cm	E/cm	$\dfrac{av^2}{2g}$/cm	E/cm			
突然扩大									
突然缩小									

五、讨论与思考

1. 分析比较突扩与突缩在相应条件下的局部损失大小关系。

2. 结合流动演示的水力现象，分析局部阻力损失机理和产生突扩与突缩局部阻力损失的主要部位在哪里，怎样减小局部阻力损失。

实验七 液体导热系数测定实验

一、实验目的

(1) 用稳态法测量液体的导热系数。

(2) 了解实验装置的结构和原理，掌握液体导热系数的测试方法。

二、实验原理

工作原理如图 6 - 7 - 1 所示。

平板试件（这里是液体层）的上表面受一个恒定的热流强度 q 均匀加热：

$$q = Q/A \qquad (6-7-1)$$

根据傅里叶单向导热过程的基本原理，单位时间通过平板试件面积 A 的热流量 Q 为

$$Q = \lambda \left(\frac{T_1 - T_2}{\delta} \right) A \qquad (6-7-2)$$

从而，试件的导热系数 λ 为

$$\lambda = \frac{Q\delta}{A(T_1 - T_2)} \qquad (6-7-3)$$

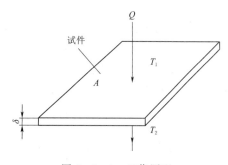

图 6 - 7 - 1 工作原理

式中：A 为试件垂直于导热方向的截面积，m^2；T_1 为被测试件热面温度，℃；T_2 为被测试件冷面温度，℃；δ 为被测试件导热方向的厚度，m。

三、实验装置

实验装置主要由循环冷却水槽、上下均热板、热面测温/冷面器件及其温度显示部分、液槽等组成，实验装置简图如图 6-7-2 所示。

为了尽量减少热损失，提高测试精度，本装置采取以下措施：

(1) 设隔热层，使绝大部分热量只向下部传导。

(2) 为了减小由于热量向周围扩散引起的误差，取电加热器中心部分（直径 $D = 0.15\text{m}$）作为热量的测量和计算部分。

(3) 在加热热源底部设均热板，以使被测液体热面温度（T_1）更趋均匀。

(4) 设循环冷却水槽 2，以使被测液体冷面温度（T_2）恒定（与水温接近）。

(5) 被测液体的厚度 δ 是通过放在液槽中的垫片来确定的，为防止液体内部对流传热的发生，一般取垫片厚度 δ 为 5mm 为宜。

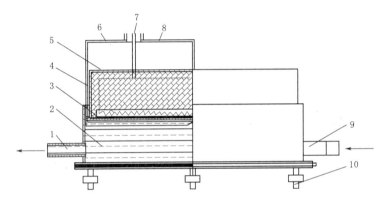

图 6-7-2　实验装置简图

1—循环水出口；2—循环冷却水槽；3—被测液体；4—加热热源；5—绝热保温材料；
6—冷面测温器件；7—加热电源；8—热面测温器件；9—循环水进口；10—调整水准的螺丝

四、实验步骤

(1) 将选择好的三块垫片按等腰三角形均匀地摆放在液槽内（约为均热板接近边缘处）。

(2) 将被测液体缓慢地注入液槽中，直至淹没垫片约 0.5mm 为止，然后旋转装置底部的调整螺丝，观察被测液体液面，应是被测液体液面均匀淹没三块垫片。

(3) 将上热面加热热源轻轻放在垫片上。

(4) 连接温度及加热电源插头。

(5) 接通循环冷却水槽上的进出水管，并调节水量。

(6) 接通电源，拉出电压设定电位器，显示屏出现"显示设定电压"，并显示已设定电压值。如不调整可推进电压设定即可。如要调整约等 5s 后屏幕显示"修改设定电压"时可调整电压到其预定值（电压最大值 30V），然后推进电压设定即可。

拉出温度设定电位器，显示出现"显示设定温度"，并显示已设定最高温度。调整方法同电压设定（注意热面温度不得高于被测液体的闪点温度）。当热面温度加热到设定温度时本机将会自动停止加热。

（7）按下"启动/停止"键。启动/停止键指示灯亮，加热电源输出。再按"启动/停止"键，启动/停止键指示灯暗，加热电源停止输出。"水泵"键操作方法同"启动/停止"键。

（8）按钮功能。

1）按"功能/确认"键后显示如下：

请选择
选择自动换屏
换屏时间设定

按"＋/选择"键，选择自动换屏或换屏时间设定。如选选择自动换屏，按"功能/确认"键显示如下：

按"＋/选择"键，选择单项数据或选择全部数据。

选择单项数据（巡检状态）

选择全部数据（同屏显示全部数据）

确定选项后按"功能/确认"确认。

如选换屏时间设定。按"功能/确认"键显示如下：

显示时间设定
换屏时隔： 秒
全屏显示： 秒

换屏时隔（5～99s，默认值 5s）

全屏显示（5～99s，默认值 5s）

用"＋/选择"键或"－/手动"键设定时间，按"功能/确认"键确认。

2）对比度。调节液晶屏对比度。

3）"－/手动"键。当进入换屏时隔或者全屏显示时，由此键和"＋/选择"键来调整时间，否则此键将取消自动换屏功能转入手动选择。

（9）每隔 5min 左右从温度读数显示器记下被测液体冷、热面的温度值。建议记入表 6-7-1 中，并标出各次的温差 $\Delta T = T_1 - T_2$。当连续四次温差值的波动不超过 1℃时，实验即可结束。

表 6-7-1　　　　　　　　温度 T_1、T_2 读数记录

序号	1	2	3	4	5	6	备注
T/min	0	5	10	15	20	25	
T_1/℃							
T_2/℃							
ΔT/℃							

（10）试验完毕后，先按"启动/停止"键，启动/停止键指示灯暗，加热电源停止输出。待水泵运行一段时间后，再按"水泵"键，关闭水泵，切断电源、水源。

若发现 T_1 一直在升高（降低），可降低（提高）输入电压或增加（减少）循环冷却

水槽的水流速度。

五、实验数据计算

（1）有效导热面积 A：

$$A = \frac{\pi D^2}{4} \qquad (6-7-4)$$

（2）平均传热温差 $\overline{\Delta T}$：

$$\overline{\Delta T} = \frac{\sum\limits_{1}^{4}(T_1 - T_2)}{4} \qquad (6-7-5)$$

（3）单位时间通过面积 A 的热流量 Q：

$$Q = VI \qquad (6-7-6)$$

（4）液体的导热系数 λ：

$$\lambda = \frac{Q\delta}{A\,\overline{\Delta T}} \qquad (6-7-7)$$

式中：D 为电加热器热量测量部位的直径，取 $D=0.15\text{m}$，m；T_1 为被测液体热面温度，K；T_2 为被测液体冷面温度，K；V 为热量测量部位的电位差，V；I 为通过电加热器电流，A；δ 为被测液体厚度，m。

六、液体导热系数测试计算例题

（1）测试记录见表 6-7-2。

表 6-7-2　　　　　　　热面、冷面温度 T_1、T_2 读数记录

序号	1	2	3	4	5	备注
时：分	10：10	10：20	10：30	10：40	10：50	
$T_1/℃$	71.0	66.0	65.0	65.5	65.5	
$T_2/℃$	29.0	29.5	29.0	30.0	29.5	
$\Delta T/℃$		36.5	36.0	35.5	36.0	

被测液体：润滑油　　　　　　液体厚度：$\delta=0.003\text{m}$

有效导热面积的计算直径：　　$D=0.29\text{m}$

热量测量部位的电压差：　　　$V=20\text{V}$

加热器工作电流：　　　　　　$I=2.5\text{A}$

（2）数据计算。

$$\overline{\Delta T} = \frac{\sum\limits_{1}^{4}(T_1 - T_2)}{4} = 36℃$$

$$\lambda = \frac{20 \times 2.5 \times 0.003}{\dfrac{\pi\,0.29^2}{4} \times 36} \approx 0.0063\,[\text{W/(m·℃)}]$$

实验八 中温辐射时物体黑度的测定实验

一、实验目的

用比较法定性地测定中温辐射时物体的黑度系数 ε。

二、实验原理

由几个物体组成的换热系统中，利用净辐射法，可求出物体 i 面的净辐射换热量 $Q_{net.i}$

$$Q_{net.i} = Q_{abs.i} - Q_{ei} = d_i \sum_{k=1}^{n} \int_{F_k} E_{eff.k} \psi_{(dk)i} d_{F_k} - \varepsilon_i E_{bi} F_i \qquad (6-8-1)$$

式中：$Q_{net.i}$ 为 i 面的净辐射换热量；$Q_{abs.i}$ 为 i 面从其他表面的吸热量；Q_{ei} 为 i 面本身的辐射热量；ε_i 为 i 面的黑度系数；$\psi_{(dk)i}$ 为 k 面对 i 面的角系数；$E_{eff.k}$ 为 k 面的有效辐射力；E_{bi} 为 i 面的辐射力；d_i 为 i 面的吸受率；F_i 为 i 面的面积。

如图 6-8-1 所示，根据本实验的实际情况，可以认为：

（1）热源 1、传导筒 2 为黑体。

（2）热源 1、传导筒 2、待测物体（受体）3 表面的温度均匀。

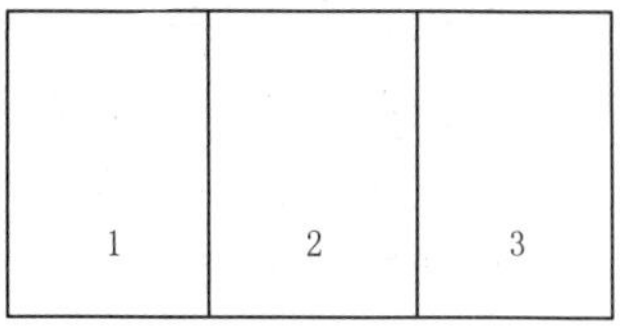

图 6-8-1 黑度的测定示意图
1—热源；2—传导筒；
3—待测物体（受体）

因此式（6-8-1）可写成：

$$Q_{net.3} = \alpha_3 (E_{b1} F_1 \psi_{1.3} + E_{b2} F_2 \psi_{2.3} - \varepsilon_3 E_{b3} F_3)$$

因为：$F_1 = F_3$；$\alpha_3 = \varepsilon_3$；$\psi_{3.2} = \psi_{1.2}$。又根据角系的互换性：$F_2 \psi_{2.3} = F_3 \psi_{3.2}$，则

$$q_3 = \frac{Q_{net.3}}{F_3} = \varepsilon_3 (E_{b1} \psi_{1.3} + E_{b2} \psi_{1.2}) - \varepsilon_3 E_{b3} = \varepsilon_3 (E_{b1} \psi_{1.3} + E_{b2} \psi_{1.2} - E_{b3}) \quad (6-8-2)$$

由于待测物体（受体）3 与环境主要以自然对流方式换热，因此：

$$q_3 = \alpha(t_3 - t_f) \qquad (6-8-3)$$

式中：q_3 为受体 3 与环境自然对流换热量；α 为换热系数；t_3 为待测物体（受体）的温度；t_f 为环境温度。

由式（6-8-2）和式（6-8-3）可得

$$\varepsilon_3 = \frac{\alpha(t_3 - t_f)}{E_{b1} \psi_{1.3} + E_{b2} \psi_{1.2} - E_{b3}} \qquad (6-8-4)$$

当热源 1 和传导筒 2 的表面温度一致时，$E_{b1} = E_{b2}$，并考虑到，系统 1、2、3 为封闭系统，则

$$\psi_{1.3} + \psi_{1.2} = 1 \qquad (6-8-5)$$

由此式（6-8-4）可写成

$$\varepsilon_3 = \frac{\alpha(t_3 - t_f)}{E_{b1} - E_{b3}} = \frac{\alpha(t_3 - t_f)}{\sigma_b (T_1^4 - T_3^4)} \qquad (6-8-6)$$

式中：σ_b 为斯蒂芬-玻尔兹曼常数，其值为 5.7×10^{-8} W/（m² · K⁴）。

对不同待测物体（受体）a、b 的黑度系数 ε 为

$$\begin{cases} \varepsilon_a = \dfrac{\alpha_a(T_{3a}-T_f)}{\sigma(T_{1a}^4-T_{3a}^4)} \\[3mm] \varepsilon_b = \dfrac{\alpha_b(T_{3b}-T_f)}{\sigma(T_{1b}^4-T_{3b}^4)} \end{cases} \qquad (6-8-7)$$

设 $\alpha_a = \alpha_b$ 则

$$\frac{\varepsilon_a}{\varepsilon_b} = \frac{T_{3a}-T_f}{T_{3b}-T_f} \frac{T_{1b}^4-T_{3b}^4}{T_{1a}^4-T_{3a}^4} \qquad (6-8-8)$$

当 b 为黑体时，$\varepsilon_b \approx 1$，那么式（6-8-8）可写为

$$\varepsilon_a = \frac{T_{3a}-T_f}{T_{3b}-T_f} \frac{T_{1b}^4-T_{3b}^4}{T_{1a}^4-T_{3a}^4} \qquad (6-8-9)$$

三、实验装置

本实验装置为黑度系数测定仪，测定仪包括热源、传导体、受体、铜-康铜热电偶、传导左电压表、传导右电压表、热源电压表、热源电压旋钮、传导左电压旋钮、传导右电压旋钮、测温接线柱、测温转换开关、电源开关等。

热源腔体具有一个测温热电偶，传导腔体有两个热电偶，受体有一个热电偶。它们都可以通过琴键开关来切换。

四、实验步骤

本仪器用比较法测定物体的黑度，具体方法是：通过对三组加热器加热电压的调整（热源一组，传导体两组），使热源和传导体的测温点恒定在同一温度上，然后测出"待测"（受体为待测物体，具有原来的表面状态）和"黑体"（受体仍为待测物体，但表面熏黑）两种状态的受到辐射后的温度，就可以按公式计算出待测物体的黑度。

五、实验步骤

具体实验步骤如下：

(1) 将热源腔体和受体腔体（使用具有原来表面状态的物体作为受体）靠紧传导体。

(2) 用导线将仪器上的接线柱子与电位差计上的"未知"接线柱"＋""－"按极性接好。

(3) 接通电源，调整热源、传导左、传导右的调整旋钮，使其相应的电压表调整至红色位置。加热约 40min，通过测温转换开关测试热源、传导左、传导右的温度。并根据测得的温度微调相应电压旋钮，使三点温度尽量一致。

(4) 系统进入恒温后（各测点温度基本接近，且在 5min 内各点温度波动小于 ±3℃）开始测试受体温度，当受体温度在 5min 之内的变化小于 ±3℃ 时，记下一组数据，"待测"受体实验结束。

(5) 取下受体，将受体冷却后，用松脂或蜡烛将受体熏黑，然后重复以上实验，测得第二组数据。

将两组数据代入前述公式，即可得出待测物体的黑度。

六、注意事项

(1) 热源及传导的温度不宜超过 200℃。

（2）每次做原始状态实验时，建议用汽油或酒精把待测物体表面擦干净，否则，实验结果将有较大出入。

七、实验公式

根据式（6-8-8），本实验所用公式为

$$\frac{\varepsilon_{受}}{\varepsilon_0} = \frac{\Delta T_{受}(T_{源}^4 - T_0^4)}{\Delta T_0(T_{源}^{\cdot 4} - T_{受}^4)} \qquad (6-8-10)$$

式中：ε_0 为相对黑体的黑度，该值可假定为 1；$\varepsilon_{受}$ 为待测物体（受体）的黑度；$\Delta T_{受}$ 为受体与环境的温差，$\Delta T_{受} = T_{受} - T_{f环}$；$\Delta T_0$ 为黑体与环境的温差（熏黑时），$\Delta T_0 = T_0 - T_{f环}$；$T_{源}$ 为受体为相对黑体时（熏黑时）热源的绝对温度；$T_{源}^{\cdot}$ 为受体为被测物体时（光面时）热源的绝对温度（在下式的括号中）；T_0 为相对黑体的绝对温度（熏黑时）；$T_{受}$ 为待测物体（受体）的绝对温度（光面时）。

八、实验举例

（1）实验数据见表 6-8-1。

表 6-8-1　　　　　　　　　实 验 数 据

序号	热源（$T_{源}^{\cdot}$）/mV	传导/mV		受体（紫铜光面）$T_{受}$/mV	备　注
		1	2		
1	9.50	9.50	9.70	3.12	
2	9.52	9.52	9.56	3.02	
3	9.52	9.51	9.71	3.03	
平均/℃	215.2			76.0	室温为 25℃，所用热电偶是铜-康铜热电偶（T 型）
序号	热源（$T_{源}$）/mV	传导/mV		受体（紫铜熏黑）$T_{受}$/mV	
		1	2		
1	9.51	9.60	9.71	4.54	
2	9.52	9.66	9.72	4.50	
3	9.53	9.65	9.71	4.53	
平均/℃	215.4			117.6	

（2）实验结果：

$$\Delta T_{受} = T_{受} - T_{f环} = (76.0 + 273.15) - (25 + 273.15) = 51.0(K)$$
$$\Delta T_0 = T_0 - T_{f环} = (117.6 + 273.15) - (25 + 273.15) = 92.6(K)$$
$$T_{源} = 215.4 + 273.15 = 488.55(K)$$
$$T_0 = 117.6 + 273.15 = 390.75(K)$$
$$T_{源}^{\cdot} = 215.2 + 273.15 = 488.35(K)$$
$$T_{受} = 76.0 + 273.15 = 349.15(K)$$

将以上数据代入式（6-8-10）得

$$\varepsilon_{受} = \varepsilon_0 \times \frac{51.0}{92.6} \times \frac{488.55^4 - 390.75^4}{488.35^4 - 349.15^4} \approx 0.41\varepsilon_0$$

在假定 $\varepsilon_0 = 1$ 时，受体紫铜（原来表面状态）的黑度 $\varepsilon_{受}$ 为 0.41。

实验九　空气绝热指数 K 的测定实验

一、实验目的

(1) 测定空气的绝热指数 K 及 C_P 与 C_V。

(2) 熟悉以绝热膨胀、定容加热基本热力过程为工作原理测定 K 的实验方法。

二、实验装置及原理

空气绝热指数测定装置如图 $6-9-1$ 所示，它是利用气囊往有机玻璃容器内充气，待容器内的气体压力稳定以后，通过 U 形管压力计（或倾斜式微压计）测出其压力 P_1；然后突然打开阀门并立即关闭，在此过程中空气绝热膨胀，在测压计上显示出膨胀后容器内的空气压力 P_2；然后持续一定的时间，使容器中的空气与实验环境中的空气进行热交换，最后达到平衡，即容器中的空气温度与环境温度一致，此时测压计上显示出温度平衡后容器中的空气压力 P_3。根据绝热过程方程式 $PV^K=$ 定值（V 为气体的体积），得

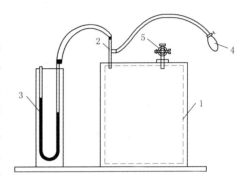

图 $6-9-1$　实验装置示意图
1—有机玻璃容器；2—充气及测压三通；3—U 形压力件；4—气囊；5—放气阀门

$$\frac{P_2}{P_1}=\left(\frac{V_1}{V_2}\right)^k \qquad (6-9-1)$$

又根据状态方程 $PV=\left(\dfrac{m}{u}\right)R_m T$，有

$$P_1 V_1 = RT_1 \qquad (6-9-2)$$

$$P_2 V_2 = RT_2 \qquad (6-9-3)$$

$$P_3 V_3 = RT_3 \qquad (6-9-4)$$

而 $V_3=V_2$，$T_3=T_1$，则

$$P_3 V_2 = RT_1 \qquad (6-9-5)$$

由式 $(6-9-2)$ 与式 $(6-9-5)$ 得

$$\frac{V_1}{V_2}=\frac{P_3}{P_1} \qquad (6-9-6)$$

将式 $(6-9-6)$ 代入式 $(6-9-1)$，得

$$\frac{P_2}{P_1}=\left(\frac{P_3}{P_1}\right)^K \qquad (6-9-7)$$

因此绝热指数为

$$K=\frac{\lg\dfrac{P_2}{P_1}}{\lg\dfrac{P_3}{P_1}} \qquad (6-9-8)$$

由 $C_P = C_V + R$, $K = \dfrac{C_P}{C_V}$。两式联立求解可得

$$\begin{cases} C_P = \dfrac{KR}{K-1} \\ C_V = \dfrac{R}{K-1} \end{cases}$$

(6-9-9)

三、实验步骤

(1) 记录下此时的大气压力 P_0 及环境温度 t_0。

(2) 关闭阀门 5。

(3) 用气囊往容器内缓慢充气(否则会冲出液体),压差控制在 $150 \sim 200 \mathrm{mmH_2O}$ 为宜(考虑量程与误差),待稳定后记录下此时的压差 Δh_1。

(4) 突然打开阀门并立即关闭,空气绝热膨胀后,在测压计上显示出膨胀后的气压,记录此时的 Δh_2。

(5) 持续一定的时间后,容器内的空气温度与测试现场的温度一致,记录下此时反映容器内空气压力的压差值 Δh_3。

(6) 一般要求重复 3 次实验(减小误差),取其测试结果的平均值(注意起点要一致)。

四、数据记录及处理:

(1) 数据记录表 6-9-1。

表 6-9-1　　　　　　　　　　数　据　记　录

序号	$\Delta h_1/\mathrm{mmH_2O}$	$\Delta h_2/\mathrm{mmH_2O}$	$\Delta h_3/\mathrm{mmH_2O}$	备　注
1				
2				大气压力 $P_0 = $ _____ Pa
3				环境温度 $t_0 = $ _____ ℃
平均值 Δh				倍率为:0.8

(2) 数据处理:

$\because P_1 = P_0 + 0.8\rho g \Delta h_1$　　$P_2 = P_0 + 0.8\rho g \Delta h_2$　　$P_3 = P_0 + 0.8\rho g \Delta h_3$

$$\therefore K = \dfrac{\lg \dfrac{P_2}{P_1}}{\lg \dfrac{P_3}{P_1}} \quad C_P = \dfrac{KR}{K-1} \quad C_V = \dfrac{R}{K-1}$$

五、讨论与思考

(1) 分析影响测试结果的因素。

(2) 讨论测试方法存在的问题。

六、注意事项

(1) 气囊往往会漏气,充气后必须用夹子将胶皮管夹紧。

（2）在实验过程中，测试现场的温度要求基本保持恒定，否则，很难测出可靠的实验数据。

实验十 可视性饱和蒸汽压力和温度的关系实验

一、实验目的

（1）通过观察饱和蒸汽压力和温度变化的关系，加深对饱和状态的理解，从而加深液体温度达到对应于液面压力的饱和温度时，沸腾便会发生的基本概念。

（2）通过对实验数据的整理，掌握饱和蒸汽 P-t 关系图表的编制方法。

（3）学会温度计、压力表、调压器和大气压力计等仪表的使用方法。

（4）能观察到小容积和金属表面很光滑（汽化核心很小）的饱和态沸腾现象。

二、实验设备

实验设备如图 6-10-1 所示。

三、实验步骤

（1）熟悉实验装置及使用仪表的工作原理和性能。

（2）将电功率调节器调节至电流表零位，然后接通电源。

（3）调节电功率调节器，并缓慢加大电流，待蒸汽压力升至一定值时，将电流降低 0.2A 左右保温，待工况稳定后迅速记录下水蒸气的压力和温度。重复上述实验，在 0~1.0MPa（表压）范围内实验不少于 6 次，且实验点应尽量均匀分布。

（4）实验完毕以后，将调压指针旋回零位，并断开电源。

（5）记录室温 t_0 和大气压力 P_0。

四、数据记录和整理

1. 记录和计算

结果填入表 6-10-1。

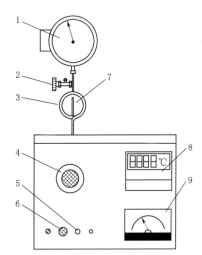

图 6-10-1 实验设备简图

1—压力表（-0.1~0~1.5MPa）；2—排气阀；3—缓冲器；4—可视玻璃及蒸汽发生器；5—电源开关；6—电功率调节器；7—温度计（100~250℃）；8—可控数显温度仪；9—电流表

表 6-10-1　　　　　数 据 记 录

实验次数	饱和压力/MPa			饱和温度/℃		误 差		备注
	压力表读数 P'	大气压力 P_0	绝对压力 $P=P'+P_0$	温度计读数 t'	理论值 t	$\Delta t=t-t'$ /℃	$\dfrac{\Delta t}{t}\times100\%$	
1								
2								
3								
4								

续表

实验 次数	饱和压力/MPa			饱和温度/℃		误 差		备注
	压力表读数 P'	大气压力 P_0	绝对压力 $P=P'+P_0$	温度计读数 t'	理论值 t	$\Delta t=t-t'$ /℃	$\dfrac{\Delta t}{t}\times100\%$	
5								
6								
7								
8								

2. 绘制 $P-t$ 关系曲线

将实验结果点在直角坐标纸上,清除偏离点,绘制曲线如图 6-10-2 所示。

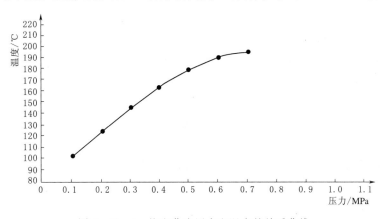

图 6-10-2 饱和蒸汽压力和温度的关系曲线

3. 总结经验公式

将实验曲线绘制在双对数坐标纸上,则基本呈一直线,故饱和蒸汽压力和温度的关系可近似整理成下列经验公式:

$$t=100\sqrt[4]{P} \tag{6-10-1}$$

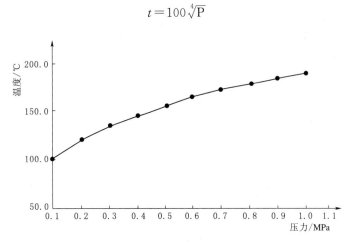

图 6-10-3 饱和蒸汽压力和温度的关系对数坐标曲线

4. 误差分析

通过比较发现测量值比标准值低 1% 左右，引起误差的原因可能有以下几个方面：

（1）读数误差。

（2）测量仪表精度引起的误差。

（3）利用测量管测温引起的误差。

五、注意事项

（1）实验装置通电后必须有专人看管。

（2）实验装置使用压力为 1.0MPa（表压），切不可超压操作。

实验十一　风机的性能实验

一、实验目的

（1）测绘风机的特性曲线 P-Q、P_a-Q 和 η-Q。

（2）掌握风机的基本实验方法及其各参数的测试技术。

（3）了解实验装置及主要设备和仪器仪表的性能及其使用方法。

二、实验原理

由风机原理及其基本实验方法可知，风机在某一工况下工作时，其全压 P、轴功率 P_a、总效率 η 与流量 Q 有一定的关系。当流量变化时，P、P_a 和 η 也随之变化。因此，可通过调节流量获得不同工况点的 Q、P、P_a 和 η 的数据，再把它们换算到规定转速和标准状况下的流量、全压、轴功率和效率，就能得到风机的性能曲线。风机空气动力性能实验通常可采用节流方法改变风机工作点，改变管路特性来改变工作点如图 6-11-1 所示（图中 H_e 为工作介质高度）。

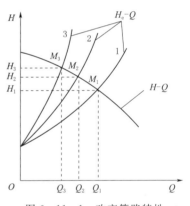

图 6-11-1　改变管路特性
来改变工作点

三、实验装置

风机实验装置有进气实验装置、出气实验装置、进出气实验装置三种，如图 6-11-2～图 6-11-4 所示，教学实验可选用图 6-11-2 所示的进气实验装置。

四、实验仪器

测试仪器主要有 U 形管压差计、大气压力计、三相功率表、手持式转速表及温度计等。

五、实验参数测取

（一）流量 Q 的测量

风机的流量比较大，又易受温度和压力的影响，因此多用进口集流器和皮托管测量。

（1）进口集流器测流量用于风机进气和进出气实验，流量公式为

$$Q=\frac{\sqrt{2}}{\rho_1}A_1\varphi\sqrt{\rho_{amb}|P_{stj}|} \qquad (6-11-1)$$

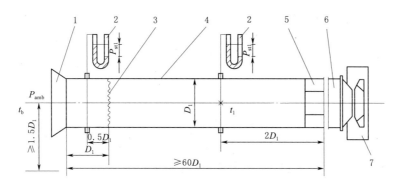

图 6-11-2　进气实验装置

1—集流器；2—压力计；3—网栅节流器；4—进气管；

5—整流器；6—锥形接头；7—风机

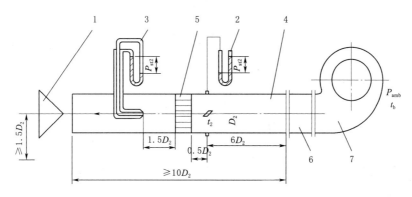

图 6-11-3　出气实验装置

1—锥形节流器；2—压力计；3—复合测压计；4—出气管；

5—整流栅；6—锥形接头；7—风机

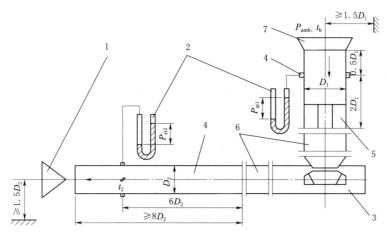

图 6-11-4　进出气实验装置

1—锥形节流器；2—压力计；3—风机；4—风管；

5—整流栅；6—锥形接头；7—集流器

其中：

$$\rho_{amb}=\frac{P_{amb}}{R(273+t_b)} \qquad (6-11-2)$$

$$\rho_1=\frac{P_1}{R(273+t_1)} \qquad (6-11-3)$$

$$P_1=P_{amb}-|P_{st1}| \qquad (6-11-4)$$

式中：Q 为风机流量，m^3/s；P_1 为风机进口空气绝对全压，Pa；$|P_{st1}|$ 为风机进口空气静压绝对值，Pa；ρ_1 为风机进口空气密度，kg/m^3；t_1 为风机进口空气温度，℃；$|P_{stj}|$ 为风管进口静压绝对值，Pa；A_1 为进气风管截面积，m^2；P_{amb} 为环境大气压强，Pa；ρ_{amb} 为环境大气密度，kg/m^3；t_b 为环境大气温度，℃；φ 为集流器系数，锥形为 0.98，圆弧形为 0.99；R 为空气常数，取 287N·m/(kg·K)。

（2）皮托管测流量用于风机出气实验，流量公式为

$$Q=\frac{\sqrt{2}A_2\sqrt{\rho_2 P_{d2}}}{\rho_{amb}} \qquad (6-11-5)$$

其中

$$\rho_2=\frac{P_2}{R(273+t_2)} \qquad (6-11-6)$$

$$P_2=P_{amb}+P_{st2}+P_{da} \qquad (6-11-7)$$

式中：P_2 为风机出口空气绝对全压，Pa；P_{st2} 为风机出口空气绝对静压，Pa；P_{d2} 为风机出口动压平均值，Pa；ρ_2 为风机出口空气密度，kg/m^3；t_2 为风机出口空气温度，℃；A_2 为出口风管截面积，m^2。

在工程上这种方法只能用在含尘量不大的气流。

（二）风机全压 P 的测量

全压等于静压和动压之和，即

$$P=P_{st}+P_d \qquad (6-11-8)$$

式中：P 为风机全压，Pa；P_{st} 为风机静压，Pa；P_d 为风机动压，Pa。

实验时分别求出动压和静压，再计算全压。

1. 静压 P_{st} 计算

（1）风机进气实验 P_{st} 由下式计算：

$$P_{st}=|P_{st1}|-P_{d1}+\Delta P_1 \qquad (6-11-9)$$

其中

$$\Delta P_1=0.15P_{d1} \qquad (6-11-10)$$

对锥形集流器：

$$P_{d1}=0.96\frac{\rho_{amb}}{\rho_1}|P_{stj}| \qquad (6-11-11)$$

对圆弧形集流器：

$$P_{d1}=0.98\frac{P_{amb}}{\rho_1}|P_{stj}| \qquad (6-11-12)$$

式中：P_{d1} 为风机进口动压；ΔP_1 为进气实验阻力损失。

（2）风机出气实验 P_{st} 由下式计算：

$$P_{st} = P_{st2} - \Delta P_2 \qquad (6-11-13)$$

其中

$$\Delta P_2 = 0.15 P_{d2} \qquad (6-11-14)$$

式中：ΔP_2 为出气实验阻力损失。

如果风机出口截面积与出口风管截面积不相等时，则风机静压按下式修正：

$$P'_{st} = P_{st} + \left[1 - \left(\frac{A_2}{A}\right)^2\right] P_d \qquad (6-11-15)$$

式中：P'_{st} 为修正后的风机静压，Pa；A 为风机出口截面积，m^2。

（3）风机进出气实验 P_{st} 由下列计算：

$$P_{st} = P_{st2} + |P_{st1}| - P_{d2} + \Delta P \qquad (6-11-16)$$

其中

$$\Delta P = \Delta P_1 + \Delta P_2 = 0.15 P_{d1}\left[1 + \left(\frac{A_1}{A_2}\right)^2\right] \qquad (6-11-17)$$

式中：ΔP 为进出气实验阻力损失之和，Pa。

应当注意，在风机进出气实验用集流器测流量时，无 $|P_{st1}|$ 值，此时用 $|P_{stj}|$ 代替，该值由风管进口测压计读得。此外如果风机出口截面积与出口风管面积不等时，风机静压用式（6-11-15）进行修正。

2. 动压 P_d 计算

（1）风机进气实验 P_d 由下式计算：

$$P_d = 0.051 \frac{\rho_1^2}{\rho_{amb}}\left(\frac{Q}{A}\right)^2 \qquad (6-11-18)$$

（2）风机出气实验 P_d 由下式计算：

$$P_d = P_{d2} \qquad (6-11-19)$$

（3）风机进出气实验 P_d 由下式计算：

$$P_d = 0.051 \frac{\rho_{amb}^2}{\rho_2}\left(\frac{Q}{A}\right)^2 \qquad (6-11-20)$$

（三）效率 η 的计算

$$\eta = \frac{PQ}{1000 P_a} \times 100\% \qquad (6-11-21)$$

式中：P_a 为风机轴功率，kW。

风机转速 n 和轴功率 P_a 的测量方法参照本章实验十二（泵的性能实验）。

六、实验操作要点

（1）在风机机械试运转合格后，方可进行正式实验。

（2）使用节流器（进气实验为网栅，其他两种实验为锥形节流器）调节风机流量时，流量点应在最大流量和零流量之间均匀分布，点数不得少于 7 个。

（3）对应每一个流量，要同时测取各实验参数，并详细记入专用表格；在确认实验情况正常，数据无遗漏、无错误时，方可停止实验。

七、实验结果及讨论

（1）由各工况点的原始数据计算出 Q、P 和 P_a 各值，并换算到规定转速和标准状况下。

（2）选择适当的图幅和坐标，在同一图上作出 P - Q、P_a - Q 和 η - Q 曲线。

（3）讨论要点：风机启动、运行和停止的操作方法及注意事项；有关现象的观察及解释；数据处理及绘制曲线的基本方法和步骤。

八、教学实验举例

测绘 No.2.8A 离心风机性能曲线，用集流器测流量，三相功率表测轴功率，手持式转速表测转速。

1．实验装置

实验装置如图 6 - 11 - 2 所示。

2．设备、仪器及已知数据

（1）风机：4 - 72 - 11，No.2.8A。

（2）三相功率表：D33 - W 型。

（3）转速表：LZ - 30 型。

（4）集流器：锥形，锥角 $\theta=60°$，集流器系数 $\phi=0.98$。

（5）测压计：U 形管压差计，工作液体为水。

（6）空盒气压表：DYM3。

（7）已知数据：机械效率 $\eta_{tm}=1.0$；规定转速 $N_{sp}=2900\text{r/min}$；进气风管截面积 $A=0.0616\text{m}^2$；风机出口截面积 $A=0.0439\text{m}^2$。

3．实验测试参数计算公式

（1）测试参数 P_{stj}，P_{sti}，P_{amb}，t_b，n 和 P。

（2）计算公式：流量 Q 用式（6 - 11 - 1）～式（6 - 11 - 4），效率 η 用式（6 - 11 - 21），风压 P 用式（6 - 11 - 8）～式（6 - 11 - 12）和式（6 - 11 - 18），轴功率用式（6 - 11 - 11）和式（6 - 11 - 14）。

4．实验结果及讨论

（1）风机实验数据及实验结果列于表 6 - 11 - 1 和表 6 - 11 - 2 中，表中只给出了两个实验点的数据。

表 6 - 11 - 1　　　　　　　　实 验 数 据

点号	P_{stj}/Pa	P/Pa	P_a/W	n/(r/min)	P_{amb}/Pa	t_b/℃
1	96.65	107.80	7.9	2990	9192.8	22
2	78.40	254.80	8.5	2990	9192.8	22

（2）性能曲线如图 6 - 11 - 5 所示。

（3）讨论：用进气装置测绘风机性能曲线的优缺点；如何调节和控制风机流量；绘制性能曲线应注意哪些问题。

表 6 - 11 - 2 实 验 结 果

点号	实 测 值				$n_{sp}=2900r/min$，标准状态			
	$Q/(m^3/s)$	P/Pa	P_a/kW	$n/(r/min)$	$Q/(m^3/s)$	P/Pa	P_a/kW	$n/(r/min)$
1	0.782	33.81	0.39	2990	0.759	35.18	0.39	6.9
2	0.727	100.81	0.44	2990	0.705	198.84	0.45	32.2

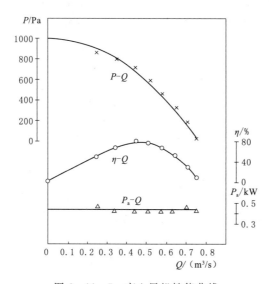

图 6 - 11 - 5 离心风机性能曲线

实 验 十 二 泵 的 性 能 实 验

一、实验目的

(1) 测绘泵的工作性能曲线，了解性能曲线的用途。

(2) 掌握泵的基本实验方法及各参数的测试技术。

(3) 了解实验装置的整体构成、主要设备和仪器仪表的性能及其使用方法。

二、实验原理

泵性能曲线是指在一定转速 n 下扬程 H、轴功率 P_a、效率 η 与流量 Q 间的关系曲线。它反映了泵在不同工况下的性能。由离心泵理论和它的基本实验方法可知，泵在某一工况下工作时，其扬程、轴功率、总效率和流量有一定的关系。当流量变化时，这些参数也随之变化，即工况点及其对应参数是可变的。因此，离心泵实验时可通过调节流量来调节工况，从而得到不同工况点的参数。然后，再把它们换算到规定转速下的参数，就可以在同一幅图中作出 H-Q、P_a-Q、η-Q 关系的曲线。

离心泵性能实验通常采用出口节流方法调节，即改变管路阻力特性来调节工况。

三、实验装置

泵的性能实验要求在实验台上进行。一般的教学实验 C 级实验台就足够了，院校和教学设备厂生产的简易实验台也可以使用。

四、实验参数测取

泵性能实验必须测取的参数有 Q、H、P_a 和 n，效率 η 则由计算求得。

（一）流量 Q 的测量

流量常用工业流量计和节流装置直接测量。用工业流量计测流量速度快，自动化程度高，方法简便，只要选择的流量计精确度符合有关标准规定，实验结果就可以达到要求。

常用的工业流量计有涡轮流量计和电磁流量计。涡轮流量计主要由涡轮流量变送器和数字式流量指示仪组成，配以打印机可以自动记录。它的精确度较高，一般能达到 $\pm 0.5\%$。其流量计算公式为

$$Q = Q_f / \xi \qquad (6-12-1)$$

式中：Q 为流量，L/s；Q_f 为流量指示仪读数，L/s；ξ 为流量计常数。

电磁流量计包括变送器和转换器两部分。它也可以测量含杂质液体的流量。它的精确度较涡轮流量计差，一般为 $1\% \sim 1.5\%$，价格也较高。

流量计多在现场安装，配以适当的装置也可以远传和自动打印。关于详细构造、原理、安装、操作和价格等，可查阅自动化仪表手册和使用说明书。

常用的节流装置有标准孔板、标准喷嘴、标准文丘里管。选择和使用这些装置时，必须符合有关标准规定。

用节流装置测流量时，多半要配以二次显示仪表。如果与变送器配合使用，则可以远传和自动化测量，如图 6-12-1 所示。

（二）扬程 H 的测量

泵扬程是在测得泵进、出口压强和流速后经计算求得，因此属于间接测量，如图 6-12-2 所示。

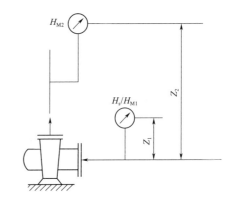

节流装置 —— 变送器 —— 显示、累积记录装置

图 6-12-1 节流装置测流量示意

图 6-12-2 扬程测量

（1）进口压强小于大气压强时，扬程计算公式为

$$H = H_{M2} + H_s + Z_2 + \frac{V_2^2 - V_1^2}{2g} \qquad (6-12-2)$$

（2）进口压强大于大气压强时，扬程计算公式为

$$H = H_{M2} - H_{M1} + H_s + (Z_2 - Z_1) + \frac{V_2^2 - V_1^2}{2g} \qquad (6-12-3)$$

其中

$$V_1 = Q/A_1 \qquad (6-12-4)$$

$$V_2 = Q/A_2 \qquad (6-12-5)$$

式中：H 为扬程，m；Q 为流量，m^3/s；H_s 为进口真空表读数，m；H_{M1} 为进口压强表读数，m；H_{M2} 为出口压强表读数，m；Z_1、Z_2 分别为真空表和压强表中心距基准面高度，m；V_1、V_2 分别为进、出口管中液体流速，m/s；A_1、A_2 分别为进、出口管的截面积，m^2。

根据实验标准规定，泵的扬程是指泵出口法兰处和入口法兰处的总水头差，而测压点的位置是在离泵法兰 $2D$ 处（D 为泵进口、出口管直径），因此用式（6-12-2）和式（6-12-3）计算的扬程值，还应加上测点至泵法兰间的水头损失：$H_j = H_{j1} + H_{j2}$，H_{j1} 和 H_{j2} 为对进口和出口而言的水头损失值，其计算方法和流体力学中计算方法相同。但如果 $H_j < 0.002H$（B级）、$H_j > 0.005H$（C级）时则可不予修正。

（三）转速 n 的测量

泵转速常通过手持式转速表、数字式转速表或转矩转速仪直接读取。

使用手持式转速表时，把感速轴顶在电动机轴的中心孔处，就可以从表盘上读出转速，如图 6-12-3 所示。主要有机械式和数字式两种，使用方便，精确度达到 C 级实验要求。

数字式转速表主要由传感器和数字频率计两部分组成，如图 6-12-4 所示。传感器将转速变成电脉冲信号，传给数字频率计直接显示出转速值。传感器有光电式和磁电式两大类，后者使用较多。测速范围大，为 $30 \sim 4.8 \times 10^5 \, r/min$；精确度也较高，可达 $\pm 0.1\% \sim \pm 0.05\%$，因此多用于 B 级以上实验，常用的有 JSS-2 型数字转速表。

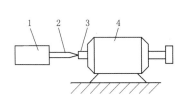

图 6-12-3　手持式转速表

1—转速表；2—感速轴；3—电动机轴；4—电动机

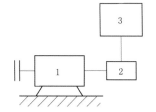

图 6-12-4　数字式转速表

1—电动机；2—传感器；3—数字频率计

转矩转速仪可以在测转矩的同时测转速。

（四）轴功率 P_a 的测量

泵轴功率目前常用转矩法和电测法测量。

1. 转矩法

转矩法是一种直接测量的方法。轴功率计算公式为

$$P_a = \frac{Mn}{9549.29} \qquad (6-12-6)$$

式中：P_a 为轴功率，kW；M 为转矩，N·m；n 为叶轮转速，r/min。

由式（6-12-6）可见，只要测得 M 和 n 即可求得轴功率。转速 n 的测量方法已在前面介绍过，下面介绍转矩 M 的测量方法。

（1）天平式测功计测转矩：天平式测功计是在与泵连接的电动机外壳两端加装轴承，并用支架支起，使电动机能自由摆动；电动机外壳在水平径向上装有测功臂和平衡臂，测功臂前端做成针尖并挂有砝码盘，如图 6-12-5 所示。

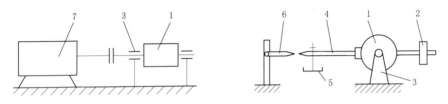

图 6-12-5 天平式测功计
1—电动机；2—平衡及平衡重；3—轴承及支架；4—测功臂；5—砝码盘；6—准星；7—泵

在泵停止时，移动平衡重使测功臂针尖正对准心，测功计处于平衡状态。当电动机带动泵运转时，在反向转矩作用下，电动机外壳反向旋转失去平衡。此时在砝码盘中加入适量砝码，使测功臂针尖再对准准心，测功计重新平衡。则此砝码重量乘以测功臂长度得到正向转矩，和反向转矩相等，因而可得转矩为

$$M = gmL \qquad (6-12-7)$$

式中：M 为转矩，N·m；m 为砝码质量，kg；L 为测功臂长度，m；g 为重力加速度，取 9.806m/s²。

把式（6-12-7）代入式（6-12-6），得

$$P_a = \frac{mnL}{973.7} \qquad (6-12-8)$$

当 $L = 0.9737$m 时：

$$P_a \approx \frac{mn}{1000} \qquad (6-12-9)$$

当 $L = 0.4869$m 时：

$$P_a \approx \frac{mn}{2000} \qquad (6-12-10)$$

这样，只需测出砝码质量 m 和转速 n 就可以得到 P_a。这种测功方法适合于小型泵，其精确度也较高，因此实验室广泛采用。但天平的灵敏度及零件精确度应与标准相符，以保证轴功率测量的精确度。

（2）转矩转速仪测转矩：转矩转速仪是一种传递式转矩测量的设备，由传感器和显示仪表两部分组成，如图 6-12-6 所示。传感器和显示仪表种类很多，主要有电磁式和光电式两大类，可根据实验条件选用。在泵的实验中，可用 ZJ 系列的转矩转速传感器和 ZJYW 微机型转矩转速指示仪配套使用，可同时测量转矩和转速。用这种方法测量精确度较高，测转矩时精确度折算成相位差可达±0.2°，测转速时精确度可达±0.05%，因而在生产和科研中用得较多。但转矩转速仪价格较高。

2. 电测法

电测法是通过测量电动机输入功率和电动机效率来确定泵的轴功率的方法。如果知道电动机输入功率 P_{gr}、电动机效率 η_g，电动机与泵间传动机械效率 η_{tm}，则电动机输出功率 P_g 和泵的轴功率 P_a 为

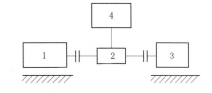

图 6-12-6 转矩转速仪测转矩示意图
1—泵；2—传感器；3—电动机；4—转矩转速仪

$$P_g = P_{gr}\eta_g \qquad (6-12-11)$$

$$P_a = P_{gr}\eta_g\eta_{tm} \qquad (6-12-12)$$

式中：P_a 为泵的轴功率，kW；P_g 为电动机输出功率，kW；P_{gr} 为电动机输入功率，kW；η_g 为电动机效率，%；η_{tm} 为电动机与泵间传动机械效率，%；电动机直连传动 $\eta_{tm}=100\%$，联轴器传动 $\eta_{tm}=98\%$，液力联轴器传动 $\eta_{tm}=97\%\sim98\%$。

所以，关键是测量电动机输入功率 P_{gr}，常用方法有以下几种。

（1）用双功率表测量，计算公式为

$$P_{gr} = K_1 K_u (P_1 + P_2) \qquad (6-12-13)$$

式中：K_1、K_u 分别为电流和电压的互感器变比；P_1、P_2 分别为两功率表读数，kW。

（2）用电流表和电压表测量，计算公式为

$$P_{gr} = \sqrt{3}\,IU\cos\varphi/1000 \qquad (6-12-14)$$

式中：I 为相电流，A；U 为相电压，V；$\cos\varphi$ 为电动机功率因数。

（3）用三相功率表测量，计算公式为

$$P_{gr} = CK_1 K_u P \qquad (6-12-15)$$

式中：C 为三相功率表常数；P 为功率表读数，kW。

电动机效率与输入功率的大小有关，根据电动机实验标准通过实验来确定，并把实验数据制成曲线，使用时由曲线查出 η_g。

（五）效率 η 的计算

$$\eta = \frac{\rho g H Q}{100 P_a} \times 100\% \qquad (6-12-16)$$

式中：η 为效率，%；ρ 为流体密度，kg/m³；H 为扬程，m；Q 为流量，m³/s；P_a 为轴功率，kW；g 为重力加速度，取 9.806m/s²。

五、实验操作要点

（1）在测取实验数据之前，泵应在规定转速下和工作范围内进行试运转，对轴承和填料的温升、轴封泄漏、噪声和振动等情况进行全面检查，一切正常后方可进行实验。试运转时间一般为 15~30min。若泵需进行预备性实验时，试运转也可以结合预备实验一起进行。

（2）实验时通过改变泵出口调节阀的开度来调节工况。实验点应均分布在整个性能曲线上，要求在 13 个以上，并且应包括零流量和最大流量，实验的最大流量至少要超过泵的规定最大流量的 15%。

（3）对应每一工况，都要在稳定运行工况下测定全部实验数据，并详细填入专用的记录表内。实验数据应完整、准确，对有怀疑的数据要注明，以便校核或重测。

（4）在确认应测的数据无遗漏、无错误时方可停止实验。为避免错误和减少工作量，数据整理和曲线绘制可与实验同步进行。

六、实验结果、曲线绘制、讨论

（1）根据原始记录，用有关公式求出实测转速下的 Q，H，P_a 和 η，再换算到指定转速下的各相应值，并填入表内。

（2）选择适当的计算单位和图幅，绘制 $H\text{-}Q$，$P_a\text{-}Q$，$\eta\text{-}Q$ 曲线。Q 的单位可用 m^3/s 或 L/s，H 单位为 m，η 单位为%。

（3）讨论要点：泵启动、运行和停止的操作要点及注意事项，参数测量要点及有关现象的观察和解释；主要设备、仪器仪表的原理和使用方法；异常数据的处理；曲线的绘制；拟合及用途。

七、教学实验举例

测绘 IS50‑32‑125 离心泵性能曲线。本实验用天平式测功计测轴功率，用数字式转速表测转速，用涡轮流量计测流量。

1. 实验装置

离心泵实验装置如图 6‑12‑7 所示。

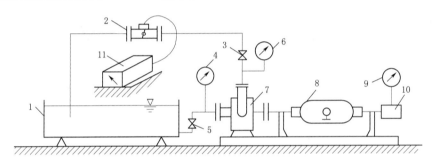

图 6‑12‑7　离心泵实验装置

1—水槽；2—涡轮流量变送器；3—出口阀；4—真空表；5—入口阀；6—压强表；

7—泵；8—测功计及电动机；9—数字转速表；10—传感器；11—流量指示仪

2. 设备、仪器、已知数据

（1）离心泵：型号为 IS50‑32‑125，其型式数 $K=0.286$。

（2）天平式测功计：臂长 $L=0.4869m$。

（3）流量计：涡轮流量变送器 LW‑40；流量计常数 $\xi=74.21$；流量指示仪 XPZ‑10。

（4）数字式转速表：SZD‑31。

（5）规定转速：$n_{sp}=2900r/min$。

（6）表位差：$Z_2=0.74m$。

3. 测试参数及公式

（1）测试参数 Q_r、H_s、H_{M2}、m、n。

（2）计算公式。根据式（6‑12‑2）、式（6‑12‑3）、式（6‑12‑10）和式（6‑12‑16），将已知数据代入，得

$$Q = Q_r / 74.21 \qquad\qquad (6-12-17)$$

$$H = H_{M2} + H_s + \frac{V_2^2 - V_1^2}{2g} + 0.74 \qquad\qquad (6-12-18)$$

4. 数据

为减少篇幅，只给出两个实验点的数据，列于表6-12-1，实验结果列于表6-12-2中。

5. 曲线

根据表6-12-2的数据制成曲线，如图6-12-8所示。

表 6-12-1 实 验 数 据

点号	H_s/m	H_{M2}/m	$n/(r/min)$	m/kg	$Q_r/(L/s)$
1	3.94	8.99	3000	0.72	340
2	3.60	10.79	3000	0.70	320

表 6-12-2 实 验 结 果

点号	实 测 值				$n_{sp} = 2900r/min$			
	$Q/(L/s)$	H/m	P_a/kW	$n/(r/min)$	$Q/(L/s)$	H/m	P_a/kW	$\eta/\%$
1	4.58	13.68	1.08	3000	4.43	12.78	0.98	56.88
2	4.31	15.14	1.05	3000	4.17	14.15	0.95	60.09

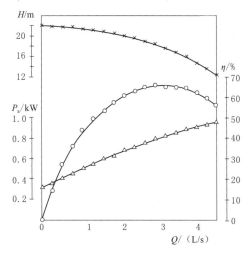

图 6-12-8 离心泵的性能曲线

6. 讨论与思考

(1) 离心泵启动时出口阀是全开还是全关？为什么？停泵时又如何？为什么？

(2) 绘制泵性能曲线是用表6-12-2中的实测数据还是用换算到 $n_{sp} = 2900r/min$ 时的数据？为什么？

第 二 篇

专 业 课

第七章　单片机应用系统设计

实验一　子程序设计实验

一、实验目的
(1) 学习 MCS-51 系列单片机的 P1 口的使用方法。
(2) 学习延时子程序的编写和使用。

二、实验原理

AT89C51 有 32 个通用的 I/O 口，分为 P0、P1、P2、P3 四组，每组都是 8 位，它们是准双向口，它作为输出口时与一般的双向口使用方法相同。P3 口也可以做第二功能口用，本实验使用 P1 口做输出口，控制 LED 灯产生流水灯效果。发光二极管连接方式如图 7-1-1 所示。

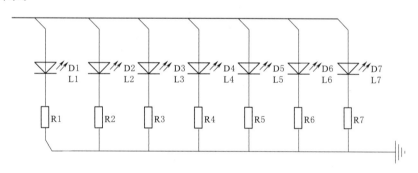

图 7-1-1　发光二极管连接方式

三、实验内容及步骤

实验程序放在 Soundcode/MS51 的文件夹中。

用 P1 口做输出口，接 8 位逻辑电平显示，程序功能使发光二极管循环点亮。

(1) 最小系统中插上 80C51 核心板，用扁平数据线连接 AT89C51 的 P1 口与 8 位逻辑电平显示模块 JD3。

(2) 用串行数据通信线、USB 线连接计算机与仿真器，把仿真器插到模块的锁紧插座中，请注意仿真器的方向：缺口朝上。

(3) 打开 WV 仿真软件，首先进行"流水灯"文件夹下的"8031.Uv2"实验的项目文件，对源程序进行编译，直到编译无误。

(4) 全速运行程序，程序功能使发光二极管循环点亮，实现"流水灯"的效果。

在做完实验时记得养成一个好习惯——把相应单元的短路帽和电源开关还原到原来的

位置！以下将不再重述。

四、源程序

本实验的源程序如下。

```
ORG  0000H
   AJMP  START

   ORG  0030H
START:MOV  A,＃0FEH
   MOV  R2,＃8
OUTPUT:MOV  P0,A
   RL  A
   ACALL DELAY
   DJNZ R2,OUTPUT
   LJMP START
DELAY:
   MOV  R6,＃0
   MOV  R7,＃0
DELAYLOOP:
   DJNZ R6,DELAYLOOP
   DJNZ R7,DELAYLOOP
RET
END
```

五、电路图

本实验的电路图如图 7-1-2 所示。

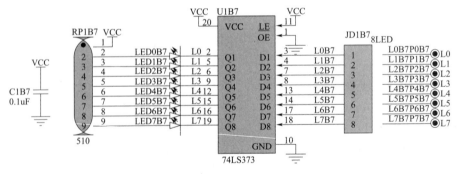

图 7-1-2 子程序设计实验电路图

实验二 数据排序实验

一、实验目的

(1) 了解 MCS-51 系列单片机指令系统的操作功能及其使用，以深化对指令的理解，提高初学者对单片机指令系统各指令的运用能力。

（2）逐步熟悉汇编语言程序设计。

（3）通过实践积累经验，不断提高编程技巧。

二、实验原理

本程序采用冒泡的算法，即大数下沉、小数上浮的算法，给一组随机数存储在所指定的单元，使之成为有序数列。所附参考程序的具体算法是将一个数与后面的每个数相比较，如果前一个数比后面的数大，则进行交换，如此依次操作，将所有的数都比较一遍，则最大的数就排在最后面；然后取第二个数，再进行下一轮比较，找出第二大的数据，将次最大的数放到次高位；如此循环下去，直到该组全部数据按序排列。其余几组数的排序算法同上。

三、实验仪器和用具

（1）硬件部分：该实验为软件实验，不需要设施（除计算机外）。

（2）软件部分：Wave 系列软件模拟器以及相关的读写软件等。

四、实验方法与步骤

（1）打开 Wave6000 编程软件模拟器，进入汇编语言的编程环境，新建文件，将自己编写的数据排序程序输入，确保无误后，保存以.asm 为后缀名的文件。

（2）程序运行，打开"执行"菜单下面的子菜单"全速执行"等，如发现程序有错，根据指令系统、编程语法以及编程要求调试程序，直到程序运行成功；并自动生成以.bin 为后缀名的执行文件，这样可得到以.bin，.hex，.lst 等为后缀名的多个文件。

参考程序：设有两组数据，每组10个数，已经依次存放在片内 RAM 的 80H～89H、90H～99H 的单元。要求每组数均按由小到大的次序排队，排队后放回原存放区域。

设数据区的首地址 50H 已存放在片内 RAM 的 7CH 单元。

具体程序如下。

```
RG        0030H;
MOV       60H，  #80H;
RANG:     MOV  R2，  #02H;
RAN1:     MOV  R3，  #09H;
RAN2:     MOV  A，  R3;
          MOV  R4，  A;
MOV       R0，  60H;
RAN3:     MOV  A，  @R0;
MOV       R5，  A;
INC       R0;
MOV       A，  @R0;
CLR       C;
SUBB      A，  R5;
JNC       RAN4;
MOV       A，  R5;
XCH       A，  @R0;
```

```
DEC      R0;
MOV      @R0，A;
INC      R0;
RAN4：    DJNZ R4，RAN3;
DJNZ     R3，RAN2;
MOV      A，60H;
ADD      A，#10H;
MOV      60H，A;
DJNZ     R2，RANG;
MOV      60H，#80H;
END
```

五、实验分析及结论

实验运行前，打开数据存储器 DATA，在以首地址为 80H 的共 10 个 RAM 存储单元依次输入 10 个任意十六进制数，直到 89H 的存储单元，同时 90H 及以后的 10 个单元输入 10 个随机数。如图 7-2-1 所示，然后运行程序，得到排序后的运行界面，如图 7-2-2 所示。

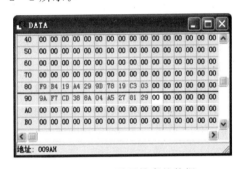

图 7-2-1　需要排序的数据

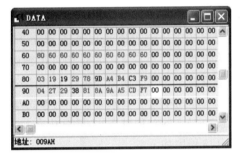

图 7-2-2　排序完成的两组数据

六、注意事项
（1）保存汇编语言的源程序时，需要以 .asm 为后缀名的文件。
（2）在关闭运行的 Wave6000 编程软件模拟器之前，需要让程序停止运行。

七、讨论与思考
（1）将一组任意数从大到小排序，如何实现？
（2）如何对有符号的数进行相关的排序？
（3）手工将源程序译成机器码。

实验三　定时器/计数器实验

一、实验目的
（1）学习 AT89C51 单片机内部定时器/计数器的初始化方法和各种工作方式的用法。
（2）进一步掌握定时器/计数器的中断处理程序的编写方法。

二、实验原理

AT89C51 单片机定时器内部有两个 16 位的定时器 T0 和 T1，可用于定时或延时控制、对外部事件检测、计数等。定时器和计数器实质上是一样的，"计数"就是对外部输入脉冲的计数；所谓"定时"是通过计数内部脉冲完成的。图 7-3-1 是定时器 Tx（x 为 0 或 1，表示 T0 或 T1）的原理框图，图中的"外部引脚 Tx"是外部输入引脚的标识符，通常将引脚 P3.4、P3.5 用 T0、T1 表示。

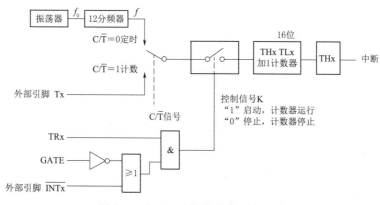

图 7-3-1　定时器/计数器原理框图

当控制信号 $C/\overline{T}=0$ 时，定时器工作在定时方式。加 1 计数器对内部时钟 f 进行计数，直到计数器计满溢出。f 是振荡器时钟频率 f0 的 12 分频，脉冲周期为一个机器周期，即计数器计数的是机器周期脉冲的个数，以此来实现定时。

当控制信号 $C/\overline{T}=1$ 时，定时器工作在计数方式。加 1 计数器对来自"外部引脚 Tx"的外部信号脉冲计数（下降沿触发）。

控制信号 K 的作用是控制"计数器"的启动和停止，如图 7-3-1 所示，当 GATE=0 时，K=TRx，K 不受 $\overline{INTx}$ 输入电平的影响：若 TRx=1，允许计数器加 1 计数；若 TRx=0，计数器停止计数。当 GATE=1 时，与门的输出由 $\overline{INTx}$ 输入电平和 TRx 位的状态来确定：仅当 TRx=1，且引脚=1 时，才允许计数；否则停止计数。

8051 单片机的定时器主要由几个特殊功能寄存器 TMOD、TCON、TH0、TL0、TH1、TL1 组成。其中，THx 和 TLx 分别用来存放计数器初值的高 8 位和低 8 位，TMOD 用来控制定时器的工作方式，TCON 用来存放中断溢出标志并控制定时器的启、停。

TMOD 的地址为 89H，用于设定定时器 T0、T1 的工作方式。无位地址，不能进行位寻址，只能通过字节指令进行设置。复位时，TMOD 所有位均为"0"。其格式见表 7-3-1。

表 7-3-1　　　　　　　　定时器/计数器方式控制寄存器 TMOD

TMOD（89H）	D7	D6	D5	D4	D3	D2	D1	D0
功能	GATE	$C/\overline{T}$	M1	M0	GATE	$C/\overline{T}$	M1	M0
	定时器/计数器 1				定时器/计数器 0			

TMOD 的低 4 位为 T0 的工作方式字段，高 4 位为 T1 的工作方式字段，它们的含义是完全相同的。

M1 和 M0 工作方式选择见表 7-3-2。

表 7-3-2　　　　　　　　　　定时器/计数器工作方式选择

M1	M0	工 作 方 式
0	0	方式 0：13 位定时器/计数器
0	1	方式 1：16 位定时器/计数器
1	0	方式 2：具有自动重装初值的 8 位定时器/计数器
1	1	方式 3：定时器/计数器 0 分为两个 8 位定时器/计数器，定时器/计数器 1 无意义

本实验中，定时器/计数器 0 工作时中断关闭，定时器/计数器 1 工作时中断开启，使得定时时间为 1min，使得发光二极管每 1min 亮 1 次、灭 1 次。

本实验的实验效果的硬件电路图如图 7-3-2 所示。

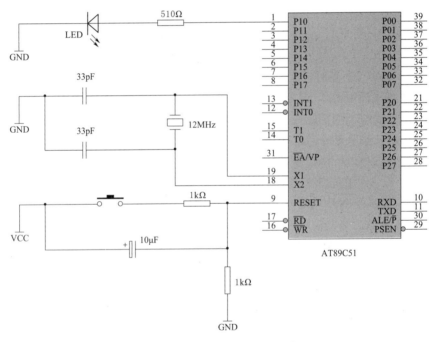

图 7-3-2　定时器实验测试电路图

三、实验仪器和用具

（1）硬件部分：计算机、KNTMCU-2 型单片机开发实验装置，SP51 仿真器。

（2）软件部分：Wave 系列软件模拟器以及相关的读写软件等。

四、实验方法与步骤

（1）打开 Wave6000 编程软件模拟器，进入汇编语言的编程环境，新建文件，将自己编写的数据排序输入，确保无误后，保存为以 .asm 为后缀名的文件。

（2）启动程序，打开"执行"菜单下面的子菜单"全速执行"等，如发现程序有错，根据编程语法以及编程要求调试程序，直到程序运行成功；并自动生成以 .bin 为后缀名的执行文件。

（3）通过读写软件将执行程序写入仿真器，核对单片机的引脚与指示灯的连接是否正确，检查程序运行效果。

五、参考程序

本实验为硬件实验，实验名称为定时器计数器实验，具体程序如下。

```
ORG      0000H；
LJMP     0030H；
ORG      001BH；
SETB     F0；
RETI；
ORG      0030H；
START：
MOV      TMOD，＃51H；
REP：    MOV  TH1，＃0E8H；
MOV      TL1，＃090H；
MOV      TH0，＃0FCH；
MOV      TL0，＃18H；
CLR      P3.5；
MOV      IE，＃88H；
SETB     TR1；
SETB     TR0；
LOOP：
JNB      TF0，＄；
CLR      TF0；
JBC      F0，ELSE；
SETB     P3.5；
MOV      TH0，＃0FCH；
MOV      TL0，＃18H；
CLR      P3.5；
SJMP     LOOP；
ELSE：
CPL      P1.0；
SJMP     REP；
END；
```

六、实验分析及结论

程序运行后，使得 8051 芯片内部的定时器/计数器达到 1s 的定时，在 P1.0 引脚输出周期为 2s 的方波，达到每隔 1s 亮-灭一次的控制效果。

七、注意事项

（1）保存汇编语言的源程序时，需要以 .asm 为后缀名。

（2）在关闭运行的 Wave6000 编程软件模拟器之前，需要让程序停止运行。

（3）注意发光二极管硬件电路是否形成回路。

八、讨论与思考

（1）定时器/计数器的软中断怎样实现，初始化怎样实现？联系相应的硬件电路进行分析？

（2）定时器/计数器在生产实践中主要用途是什么？

（3）试编写一程序，读出定时器 TH0、TL0 以及 TH1、TL1 的瞬态值。

实验四　模/数转换与数据采集实验

一、实验目的

（1）掌握模/数（A/D）转换的工作原理，掌握单片机与模/数（A/D）转换器的硬件电路及其对应的程序编写。

（2）将外部的模拟信号转换为计算机能够处理的数字信号。

（3）使得学生初步具备计算机数据采集系统的开发能力。

二、实验原理

A/D 转换器的功能是将模拟量转化为数字量，一般要经过采样、保持、量化、编码 4 个步骤。连续的模拟信号经过离散化、量化之后，进行编码，即将量化后的幅值用一个数制代码与之对应，这个数制代码就是 A/D 转换器输出的数字量。A/D 转换器的主要参数有：①分辨率；②转换时间与转换速率；③相对精度；④量程。

常规的 ADC 转换器为 ADC0809，ADC0809 是 CMOS 工艺的 8 位逐次逼近型 A/D 转换器，它由 8 路模拟量选通开关、地址锁存译码器、8 位 A/D 转换器及三态输出锁存缓冲器构成，如图 7-4-1 所示。

该转换器共有 28 个引脚，功能如下。

IN0～IN7：8 路模拟信号输入端。

START：A/D 转换启动信号的输入端，高电平有效。

ALE：地址锁存允许信号输入端，高电平将 A、B、C 三位地址送入内部的地址锁存器。

V_{REF}（＋）和 V_{REF}（－）：正、负基准电压输入端。

OE（输出允许信号）：A/D 转换后的数据进入三态输出数据锁存器，并在 OE 为高电平时由 D0～D7 输出，可由 CPU 读信号和片选信号产生。

EOC：A/D 转换结束信号，高电平有效，可作为 CPU 的中断请求或状态查询信号。

CLK：外部时钟信号输入端，典型值为 640kHz。

VCC：芯片＋5V 电源输入端，GND 为接地端。

A、B、C：8 路模拟开关的三位地址选通输入端，用于选择 IN0～IN7 的输入通道。

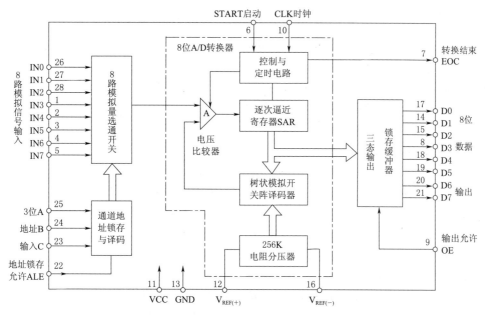

图 7-4-1 ADC0809 内部结构框图

ADC0809 与 8051 单片机的硬件接口最常用的有两种方式,即查询方式和中断方式。具体选用何种方式,应根据实际应用系统的具体情况进行选择。查询方式的硬件接口电路如图 7-4-2 所示。

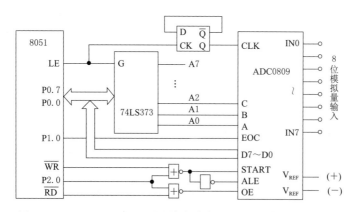

图 7-4-2 ADC0809 通过查询方式与 8051 的硬件接口电路图

三、实验仪器和用具

(1) 硬件部分:计算机,KNTMCU-2 型单片机开发实验装置,SP51 仿真器,A/D 转换 ADC0809 一块。

(2) 软件部分:Wave 系列软件模拟器以及相关的读写软件等。

四、实验方法与步骤

(1) 单片机最小应用系统 1 的 P0 口接 A/D 转换的 D0~D7 口,单片机最小应用系统

1 的 Q0～Q7 口接 0809 的 A0～A7 口，单片机最小应用系统 1 的 WR、RD、P2.0、ALE、INT1 分别接 A/D 转换器的 WR、RD、P2.0、CLK、INT1，A/D 转换器的 IN 接入＋5V，单片机最小应用系统 1 的 P2.1、P2.2 连接到串行静态显示实验模块的 DIN、CLK。

（2）安装好仿真器，用 USB 数据通信线连接计算机与仿真器，把仿真头插到模块的单片机插座中，打开模块电源。

（3）启动计算机，打开 Wave 仿真软件，进入仿真环境。选择仿真器型号、仿真头型号、CPU 类型；选择通信端口。

（4）将所编写的 A/D 转换源程序输入到伟福软件模拟器，编译无误后，全速运行程序，5LED 静态显示"AD XX"，"XX"为 AD 转换后的值，8 位逻辑电平显示"XX"的二进制值，调节模拟信号输入端的电位器旋钮，显示值随着变化，顺时针旋转值增大，AD 转换值的范围是 0～FFH。

（5）可把源程序编译成可执行文件，下载到 89C51 芯片中。

五、参考程序

本实验为硬件实验，实验名称为 A/D 转换实验，具体程序如下。

```
            DBUF0      EQU    30H；
            TEMP       EQU    40H；


            ORG        0000H
START：     MOV        R0, ♯DBUF0；
            MOV        @R0, ♯0AH；
            INC        R0；
            MOV        @R0, ♯0DH；
            INC        R0；
            MOV        @R0, ♯11H；
            INC        R0；
            MOV        DPTR, ♯0FEF3H；
            MOV        A, ♯0；
            MOVX       @DPTR, A；      启动所选通道的 A/D 转换
WAIT：      JNB        P1.0, WAIT；
            MOVX       A, @DPTR；      从 ADC0809 读得转换后的数值量
            MOV        P1, A；

            MOV        B, A；
            SWAP       A；
            ANL        A, ♯0FH；
            XCH        A, @R0；

            INC        R0；
            MOV        A, B；
```

```
        ANL        A，＃0FH；
        XCH        A，@R0；
        ACALL      DISP1；
        ACALL      DELAY；
        AJMP       START；


DISP1：
        MOV        R0，＃DBUF0；
        MOV        R1，＃TEMP；
        MOV        R2，＃5；
DP10：   MOV        DPTR，＃SEGTAB；
        MOV        A，@R0；
        MOVC       A，@A＋DPTR；
        MOV        @R1，A；
        INC        R0；
        INC        R1；
        DJNZ       R2，DP10；
        MOV        R0，＃TEMP；
        MOV        R1，＃5；
DP12：   MOV        R2，＃8；
        MOV        A，@R0；
DP13：   RLC        A；
        MOV        P2.1，C；
        CLR        P2.2；
        SETB       P2.2；
        DJNZ       R2，DP13；
        INC        R0；
        DJNZ       R1，DP12；
        RET；


SEGTAB：
        DB         3FH,6，5BH,4FH,66H,6DH；
        DB         7DH,7，7FH,6FH,77H,7CH；
        DB         58H,5EH,79H,71H,0,00H；
DELAY：  MOV        R4，＃0FFH；
AA1：    MOV        R5，＃0FFH；
AA：     NOP；
        NOP；
        DJNZ       R5，AA；
        DJNZ       R4，AA1；
        RET；
        END
```

六、实验分析及结论

实验时，当 A/D 转换完成后，EOC 的输出信号变为高电平，通过查询，从 ADC0809 芯片中读取所得到的数字信号，则外部的模拟信号被采集到系统里来，并显示所采集的数据。另外也可打开 RAM 存储器，找到以 30H 为首地址的单元，看所采集的信号为多少。

七、注意事项

(1) 通过改变模拟量的大小，得出模拟信号与数字信号之间的变换关系。

(2) 注意模拟信号与单片机双机接口之间的电平匹配。

(3) 根据测量要求，选择相应的分辨率与转换速度的 A/D 芯片，以及转换的路数。

八、讨论与思考

(1) 如果需要提高采样的响应速度，如何处理？如何提高系统采样的准确度？

(2) 根据检测要求，设计相应的硬件接口电路。

(3) ADC0809 的分辨率是多少？转换时间是多少？

(4) 试采用中断的方式完成 A/D 转换的硬件电路，编写 A/D 转换的程序。

实验五 外部中断实验

一、实验目的

(1) 掌握外部中断技术的基本使用方法。

(2) 掌握中断处理程序的编写方法。

二、实验原理

(1) 外部中断的初始化设置共有三项内容：中断总允许即 EA＝1，外部中断允许即 EXi＝1（i＝0 或 1），中断方式设置。中断方式设置一般有两种方式：电平方式和脉冲方式，本实验选用后者，其前一次为高电平后一次为低电平时为有效中断请求。因此高电平状态和低电平状态至少维持一个周期，中断请求信号由引脚$\overline{INT0}$（P3.2）和$\overline{INT1}$（P3.3）引入，本实验由$\overline{INT0}$（P3.2）引入。

(2) 中断服务的关键。

1）保护进入中断时的状态。堆栈有保护断点和保护现场的功能使用 PUSH 指令，在转中断服务程序之前把单片机中有关寄存单元的内容保护起来。

2）必须在中断服务程序中设定是否允许中断重入，即设置 EX0 位。

3）用 POP 指令恢复中断时的现场。

(3) 中断控制原理。中断控制是提供给用户使用的中断控制手段。实际上就是控制一些寄存器，AT89C51 用于此目的的控制寄存器有 4 个：TCON、IE、SCON 及 IP。

(4) 中断响应的过程。首先中断采样然后中断查询最后中断响应。采样是中断处理的第一步，对于本实验的脉冲方式的中断请求，若在两个相邻周期采样先高电平后低电平则中断请求有效，IE0 或 IE1 置"1"；否则继续为"0"。所谓查询就是由 CPU 测试 TCON 和 SCON 中各标志位的状态以确定有没有中断请求发生以及是哪一个中断请求。中断响应就是对中断请求的接受，是在中断查询之后进行的，当查询到有效的中断请求后就响应一次中断。

INT0 端接单次脉冲发生器。P1.0 接 LED 灯，以查看信号反转。

三、实验内容及步骤

（1）最小系统中插上 80C51 核心板，用导线连接 MCU 的 P1.0 到八位逻辑电平显示的 L0 发光二极管处，P3.2 接单次脉冲电路的输出端（绿色防转座）。

（2）用串行数据通信线、USB 线连接计算机与仿真器，把仿真器插到模块的锁紧插座中，请注意仿真器的方向：缺口朝上。

（3）打开 WV 仿真软件，首先输入源代码，对源程序进行编译，直到编译无误。

（4）全速运行程序，按一次单次脉冲的按钮灯取反一次。

四、源程序

本实验的源程序如下。

```
LED         BIT     P1.00
LEDBUF      BIT     0
            ORG     0000H
            AJMP    START
            ORG     0003H
            LJMP    INTERRUPT
            ORG     0030H
INTERRUPT：
            PUSH    PSW
            CPL     LEDBUF
            MOV     C,LEDBUF
            MOV     LED,C
            POP     PSW
            RETI
START：
            CLR     LEDBUF
            CLR     LED
            MOV     TCON,#01H
            MOV     IE,#81H
            LJMP    $
```

实验六　直流电动机控制实验

一、实验目的

（1）学习用 PWM 输出模拟量驱动直流电机。

（2）熟悉直流电动机的工作特性。

二、实验原理

PWM 是单片机上常用的模拟量输出方法，用占空比不同的脉冲驱动直流电机转动，从而得到不同的转速。程序中通过调整输出脉冲的占空比来调节直流电机的转速。

使用光电测速元件测速，当它与圆盘上的空位相靠近时，光电元件输出低电平；反之，光电元件输出高电平。圆盘转动一周时则产生 12 个脉冲，直流电机转动时，光电元件输出连续的脉冲信号，单片机记录其脉冲信号，就可以测出直流电机的转速。另外增加显示电路，可把电机的转速显示出来。

本实验使用 6V 直流电机。

运行速度设置为 40r/s，经过若干秒后，直流电机转速慢慢下降到运行速度，以设定的速度运行。

三、实验内容及步骤

（1）最小系统中插上 80C51 核心板，把 7279 阵列式键盘的 JT9 短路帽打在上方 VCC 处，用 8P 排线将 JD16、JD17 分别接八位动态数码显示的 JD1、JD2 相连；MCU 最小系统的 P1.6、P1.7、P2.7 分别接 7279 键盘的 CLK、DATA、CS。

（2）MCU 最小系统的 P1.0、P3.2 分别接直流电机 V - DCmotor、Pulseout。

（3）用串行数据通信线、USB 线连接计算机与仿真器，把仿真器插到模块的锁紧插座中，请注意仿真器的方向：缺口朝上。

（4）打开 Keil uVision2 仿真软件，首先输入源程序并进行编译，直到编译无误。

（5）全速运行程序直流电机旋转，第三个数码显示 P 最后两位显示电机转速，观察直流电机转速，若干秒后，直流电机转速慢慢下降到以程序设定的速度运行（程序设定为 40r/s 左右）。

四、源程序

本实验的源程序如下。

```
OUTPUT     Bit      P1.3
           ORG      0000H
           AJMP     LOOP
           ORG      0030H
LOOP:
           CLR      OUTPUT
           MOV      A,#4H
           CALL     Delay
           SETB     OUTPUT
           MOV      A,#6H
           CALL     DELAY
           LJMP     LOOP
DELAY:
           MOV      R0,#2H
DLOOP1:
           DJNZ     R0,DLOOP2
DLOOP2:
           DJNZ     ACC,DLOOP1
```

RET

END

五、实验电路图

本实验的电路图如图 7 - 6 - 1 所示。

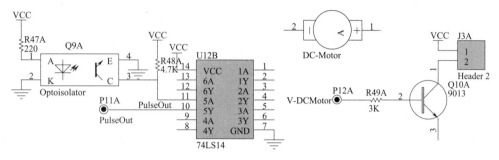

图 7 - 6 - 1 直流电动机控制实验电路

第八章 热工测量及仪表

实验一 应变片与电桥实验

一、实验目的

（1）了解应变片的使用；

（2）熟悉电桥工作原理，验证单臂、半桥、全桥的性能及相互之间关系。

二、实验原理

实验原理如图 8-1-1 所示。

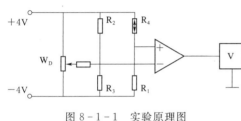

图 8-1-1 实验原理图

应变片是最常用的测力传感元件。用应变片测试时，用粘结剂将应变片牢固地粘贴在测试件表面，测试件受力发生变形时，应变片的敏感元件将随测试件一起变形，其电阻值也随之变化，而电阻的变化与测试件的变形保持一定的线性关系，进而通过相应的测量电路即可测得测试件受力情况。

电桥电路是最常用的非电量电测电路中的一种，当电桥平衡时，桥路对臂电阻乘积相等，电桥输出为 0，在桥臂 4 个电阻 R_1、R_2、R_3、R_4 中，当分别使用 1 个应变片、2 个应变片、4 个应变片组成单臂、半桥、全桥 3 种工作方式时，单臂、半桥、全桥电路的电压灵敏度依次增大，它们的电压灵敏度分别为 $\frac{1}{4}E$、$\frac{1}{2}E$ 和 E。

三、实验仪器和用具

实验仪器和用具有：直流稳压电源、差动放大器、电桥、电压表、称重传感器、应变片、砝码、主电源、副电源。

四、实验步骤

（1）直流稳压电源置±2V 挡，电压表打到 2V 挡，差动放大器增益打到最大。

（2）将差动放大器调零后，关闭主、副电源。

（3）根据图 8-1-1 接线 R_1、R_2、R_3 为电桥单元的固定电阻。R_4 为应变片；将稳压电源的切换开关置±4V 挡，电压表置 20V 挡。开启主、副电源，调节电桥平衡网络中的 W_D，使电压表显示为 0，等待数分钟后将电压表置 2V 挡，再调电桥 W_D（慢慢地调），使电压表显示为 0。

（4）在传感器托盘上放上一只砝码，记下此时的电压数值，然后每增加一只砝码记下一个数值并将这些数值填入表 8-1-1 中。

表 8 - 1 - 1　　　　　　　　　　　　　　　实 验 数 据 一

质量/g					
电压/mV					

（5）保持放大器增益不变，将 R_1 固定电阻换为与 R_4 工作状态相反的另一应变片即取两片受力方向不同应变片，形成半桥，调节电桥 W_D 使电压表显示为 0，重复（3）过程同样测得读数，填入表 8 - 1 - 2。

表 8 - 1 - 2　　　　　　　　　　　　　　　实 验 数 据 二

质量/g					
电压/mV					

（6）保持差动放大器增益不变，将 R_2、R_3 两个固定电阻换成另两片受力应变片，组桥时只要掌握对臂应变片的受力方向相同，邻臂应变片的受力方向相反即可。接成一个直流全桥，调节电桥 W_D 同样使电压表显示 0。重复（3）过程将读出数据填入表 8 - 1 - 3。

表 8 - 1 - 3　　　　　　　　　　　　　　　实 验 数 据 三

质量/g					
电压/mV					

五、实验分析及结论

在同一坐标纸上描出 3 种接法的 $V - W$ 变化曲线，计算灵敏度 $S_s = \Delta V / \Delta W$，$\Delta V$ 为电压变化率，ΔW 为相应的重量变化率；比较 3 种接法的灵敏度，并做出定性的结论。

六、注意事项

（1）在更换应变片时应将电源关闭，并注意区别各应变片的工作状态方向。

（2）直流稳压电源 ±4V 不能打得过大，以免造成严重自热效应甚至损坏应变片。

（3）在本实验中只能将放大器接成差动形式，否则系统不能正常工作。

七、讨论与思考

（1）桥路（差动电桥）测量时存在非线性误差的主要原因是什么？

（2）应变片桥路连接应注意哪些问题？

（3）保持放大器增益不变，将 R_1 固定电阻换为与 R_4 工作状态相同的另一应变片即取二片受力方向相同应变片，形成半桥，输出为多少？

（4）保持差动放大器增益不变，将 R_2、R_3 两个固定电阻换成另两片受力应变片组桥时，对臂应变片的受力方向不同。接成一个直流全桥，输出为多少？

实验二　热电偶测温系统实验

一、实验目的

（1）结合热电偶的校验，熟悉工业用热电偶的结构，学会正确组建热电偶测温系统。

（2）掌握热电偶的校验（或分度）方法。确定在一定测量范围内，由于热电偶热电特性的非标准化而产生的误差。

二、实验原理与内容

热电偶的校验有两种方法：一种是定点法；另一种是比较法，它常用于校验工业用和实验室用热电偶。

比较法校验热电偶是以标准热电偶和被校热电偶测量同一稳定对象的温度来进行的。本实验采用一管式电炉作被测对象，用温度控制器使电炉温度自动地稳定在预定值上，如图 8-2-1 所示。通过实验得出被校（或分度）热电偶的热电特性，也就是得出热电偶冷端处于 0℃时热电偶热端温度 T（℃）与输出热电势（mV）之间的关系曲线。

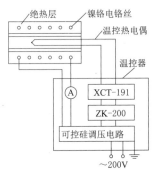

图 8-2-1　温控器原理图

本实验将热电偶的冷端引入冰点恒温瓶中：冰点恒温瓶是一个盛满冰屑和蒸馏水混合物的保温瓶。瓶内插进 4 根充有一定高度变压器油的玻璃试管。标准和被校热电偶的 4 个冷端分别插入试管内。用 4 根铜导线将热电偶冷端和双向切换开关连接起来，再用两根铜导线将切换开关和手动电位差计连接起来（图 8-2-2）。使用双向（多点）切换开关，可利用一台手动电位差计测量两支（多支）热电偶的热电势。连接导线时先要判断热电偶的正负极，使其正负极与电位差计接线柱的极性相一致。

用比较法校验时，必须保证两支热电偶的热端温度始终一致。为此需把热电偶的保护套管卸去，将两支热电偶的热端用不锈钢钢片卷扎在一起，插入到管式电炉的 2/3 深处，再将管式电炉的炉口用石棉绳封堵，以防止外界空气进入从而导致炉温波动。热电偶校验的整套装置如图 8-2-2 所示。

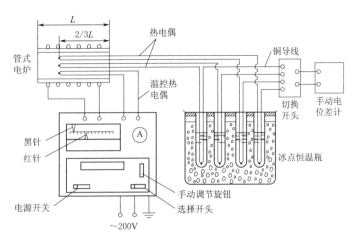

图 8-2-2　热电偶校验装置示意图

三、实验仪器和用具

实验仪器和用具有：管式电炉、热电偶校验装置、标准热电偶、被校（或被分度）热电偶、手动电位差计、冰点恒温瓶。

四、实验步骤

(1)根据热电偶测温原理,按图 8-2-2 中热电偶测温系统的线路图正确接线,组建好热电偶测温系统。

(2)按温控原理图将管式电炉作为控制对象,把温度控制部分接好线。

(3)整套热电偶校验装置按图 8-2-2 接好线后,暂时不要合上 220V 电源。先做以下两项准备性操作:调整好温度指示调节仪温度零位,并使设定值指在第一个校验点上;全面检查整套装置的接线,经指导教师同意后合上 220V 电源开始实验。

(4)在读数过程中电炉的温度会有微小变化,因此一个温度校验点的读数不能只进行一次,通常需反复读九次。先读标准热电偶的热电势,后读被校验热电偶的热电势,交替进行。在整个读数过程中热电偶热端的温度(即炉温)变化不应超过 5℃,对镍铬—镍硅热电偶来说,热电势变化不超过 0.2mV。校验结果记录在表 8-2-1 中。

表 8-2-1   记 录 数 据

校验 点序号	标准热电偶读数/mV							被校热电偶读数/mV					
	1	3	5	7	9	11	…	2	4	6	8	10	…
1													
2													
3													
4													
5													

注 校验(分度)时冷端温度为 0℃。

(5)取得一个温度校验点的读数后,调整温控器,使炉温升高到第二个温度校验点,进行第二个温度校验点的校验。本实验的测温范围为 200~600℃(正规校验应做到满量程,这里为了缩短实验时间只校到 600℃),取百位整数,共取 5 个校验点。

(6)做完实验后检查数据是否齐全和合理,如无问题,则可进行实验设备的整理和恢复。

五、实验分析及结论

(1)分析实验数据,应用粗大误差剔除准则舍去不正确的测试数据,然后将标准和被校热电偶各校验点的热电势读数的算术平均值分别记录在表 8-2-2 中。

(2)根据标准热电偶热电势读数的算术平均值,在其分度表上查得相应的温度填入表 8-2-2 中,据此温度和被校热电偶对应的算术平均热电势值作出被校热电偶的热电特性曲线。要求曲线描绘在不小于 200mm×150mm 大小的坐标纸上,以保证实验数据有足够的精确度。

表 8-2-2   被校热电偶的热电特性

校 验 点 序 号	1	2	3	4	5
被校热电偶平均热电势/mV					
标准热电偶平均热电势/mV					
用标准热电偶测得的温度/℃					

（3）按照标准热电偶测出的温度在被校热电偶的标准化分度表中查出的相应热电势值，算出被校热电偶的热电势误差值。再由此误差值在分度表中被测温度处查得相应的温度误差值。将热电势误差和相应的温度误差都记录在表8-2-3中。

表 8 - 2 - 3　　　　　　　　　　被 校 热 电 偶 误 差

校验点温度/℃					
被校热电偶测出的热电势/mV					
同类型标准化热电偶热电势/mV					
热电势误差/mV					
温度误差/℃					

（4）给出校验的结论

被校验热电偶的基本误差为_____。结论：_____（被校热电偶是否符合要求？）

六、注意事项

注意热电偶的极性。如果标准或被校热电偶极性与相连的电位差计接线端子的极性相反，则无法测量电势，应在接线端子上互换接线。如果温控热电偶极性接反，则温度指示调节仪的指针向负向移动。如果这一现象发现太迟，炉温升高太多，就不可能短时间降低下来，将影响实验的正常进行。

七、思考题

（1）为什么从热电偶冷端到电位差计要用铜钱连接？如果采用补偿导线，会产生什么结果？

（2）如何判断热电偶的正负极（说出两种判断方法）？

（3）实验中如何保证冰点恒温瓶中的温度为0℃？

（4）用什么方法来检查两支热电偶热端温度是否一致？

（5）读数为什么要"标准""被校"交替进行？为什么读数要从标准热电偶开始和到标准热电偶结束？如果每点读数8次，如何安排读数顺序？

实验三　电子电位差计的校验和使用

一、实验目的

（1）通过对XWD型小尺寸和XWC型大尺寸电子电位差计的观察，了解自动平衡式仪表的结构和各个组成部分的作用，学会调整仪表的放大器。

（2）掌握自动平衡式仪表的使用和校验方法。

（3）掌握电位差计的改刻度设计、安装及调试方法。

二、实验仪器与设备

电子电位差计（XWD型和XWC型）、手动电位差计、冰点恒温瓶、补偿导线、水银温度计、线绕锰铜电阻若干（或制作材料）、手动平衡电桥、电烙铁。

三、实验步骤

1. 观察仪表的结构

（1）观察上述两种型号仪表的各个组成部分，学习小型自动平衡式仪表的拆装方法。

（2）观察仪表的走纸机构、打印机构及其动作过程，学会调节走纸速度。

（3）了解工业用热电偶和电子电位差计的连接方法。热电偶直接与仪表接线端子相连或用补偿导线相连，这样可保证热电偶的冷端温度与在仪表接线端子上的冷端补偿电阻的温度一致。

2. 仪表的启用

（1）仪表零位调整：电子电位差计启运后，如果将其输入端子短接，则电子电位差计应指示室温。如果不指室温，可改变指针在可逆电机拉线上的位置，使指针指示室温。调整仪表零位的另一办法是把两根补偿导线（或热电偶）的一端分别与电子电位差计的正、负接线端子相接，另一端正、负极相连并插入冰点恒温瓶中，此时电位差计应指示零值（对起始刻度为0℃的仪表而言），否则应调整指针位置。

（2）鉴别力阈的调整：一般鉴别力阈已调整好，它小于量程的0.1%。如果经实验鉴别力阈超过要求，则要调整鉴别力阈旋钮，使之符合要求。

（3）阻尼的调整：给电子电位差计输入一个阶跃变化的毫伏信号，观察指针的移动情况。如果指针移动速度较大，指针以示值为中心抖动一周半即停下，表明阻尼情况较好。指针抖动不停或移动速度过慢时，都要调阻尼调节旋钮，使阻尼适中。

3. 仪表的校验

（1）对电子电位差计校验时，可用手动电位差计代替热电偶输入电势信号。校验方法有冰点法和温度计法两种。

冰点法校验的接线如图8-3-1所示。电子电位差计接线端子上接补偿导线，补偿导线的另一端与铜导线连接，并将连接点置于冰点恒温瓶中。铜导线与手动电位差计接线端子连接，手动电位差计既是毫伏信号发生源，又是毫伏信号的标准测量仪器。图中补偿导线的型号应与电子电位差计及其配用的热电偶分度号相匹配。

冰点法校验时，用手动电位差计向电子电位差计输入电势信号 E_N（在手动电位差计上读得示值）。若被校电子电位差计配用的热电偶分度号为 K，则

$$E_K(t,0) = E_N$$

温度计法校验的接线如图8-3-2所示。电子电位差计和手动电位差计之间用铜导线连接。使用最小分格值为0.2℃的水银温度计测量电子电位差计接线端子的温度 t_0。若手

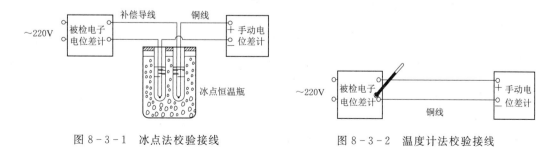

图8-3-1　冰点法校验接线　　　　　　　图8-3-2　温度计法校验接线

动电位差计的输出电势为 E_N，电子电位差计的温度指示值为 t，则

$$E_K(t, t_0) = E_K(t, 0) - E_K(t_0, 0) = E_N$$

（2）因为被校验电子电位差计是以温度刻度的，实验者要先算出温度校验点对应的输入电势值是多少。为提高读数的精确度，建议调整仪表输入信号大小使仪表指针指在大整数刻度上，如 $100℃$、$200℃$，同时记录输入的标准信号值。校验完上行程后继续做下行程。温度计法的数据记录和整理表格参考表 8-3-1，冰点法的数据表格自拟。

表 8-3-1 温 度 计 法 数 据 表 格

	电子电位差计校验点 $t'/℃$	0	100	200	...	1100
上行程	手动电位差计输出电势 E_N/mV					
	标准电势值 $E(t, 0) = E(t_0, 0) + E_N/mV$					
	相应于 $E(t, 0)$ 的温度 $t/℃$					
	被校验点刻度误差 $\Delta t = t' - t/℃$					
下行程	电子电位差计校验点 $t'/℃$					
	...					

4. 改刻度实验

（1）确定要改变电子电位差计所配用的热电偶型号和仪表的量程后，应计算测量桥路各电阻值，即计算起始电阻、量程电阻、冷端补偿电阻、上桥路限流电阻和下桥路限流电阻的阻值。

（2）从电子电位差计上拆下测量桥路的线路板，对照测量桥路原理图看懂实际线路和各电阻的位置。

（3）绕制上述 5 个线绕锰铜电阻（或实验室给出绕制好的锰铜电阻），并用手动平衡电桥测试电阻值，使电阻值符合要求。

（4）拆换测量桥路上的电阻，注意焊接质量，防止虚焊。

（5）按照原有仪器标尺长度，计算新的标尺刻度，并制作标尺（作为学生练习，用一狭条坐标纸作新标尺即可）。

（6）装上新的测量桥路线路板和贴上新标尺。

（7）用冰点法对改刻度后的电子电位差计进行校验，鉴定改刻度后仪表是否合格。

四、思考题

（1）冰点法和温度计法中，哪一种方法没有考虑冷端温度补偿误差？为什么？

（2）用冰点法和温度计法校验电子电位差计时，若要使仪表指针指在某温度刻度上，则输入的标准信号应为何值？

（3）短接始点刻度为 $0℃$ 的电子电位差计输入信号端子时，仪表指针将指在何处？使电子电位差计输入信号端子开路时，仪表指针将如何动作？为什么？

（4）使用电子电位差计时，配用了同型号的补偿导线，但正负极接反，问将产生多大误差？

实验四　弹簧管压力表的校验

一、实验目的

（1）了解各种测压仪表的结构和工作原理。

（2）学会弹簧管压力表的校验方法。

二、仪器与设备

弹簧管压力表、活塞式压力计、微压计、各种液柱式压力计、各种弹性元件、各种电变送压力表、扳手、螺丝刀、取（起）针器。

三、实验内容

1. 准备工作

（1）了解各种液柱式压力计和弹簧管式压力表的结构和使用方法，斜管式微压计的结构和使用方法；各种弹性元件，如膜盒、单圈和多圈弹簧管等的结构；压力信号的各种电变送方法及变送器的具体结构，如电阻、电感、霍尔效应、应变、振弦、力平衡变送器等。

（2）做好校验用弹簧管压力表的准备工作：①选用压力标准器。标准器采用活塞式压力计及其标准砝码，或标准弹簧管压力表。所选用标准压力表的测量上限应不低于被测压力表的测量上限，最好是两者有相同的测量范围，标准压力表的允许误差应不大于被校压力表允许误差的 1/3，或者标准压力表比被校压力表高两个精度等级。②确定校验点。对于精确度等级为 1、1.5、2、2.5 的压力表，可在 5 个刻度点上进行校验。对于 0.5 级和更高精确度等级的压力表，应取全刻度标尺上均匀分布的 10 个点进行校验。

2. 校验步骤

（1）给活塞式压力计充变压器油（或其他液体，具体按仪器说明书上进行）装上被校和标准压力表后进行排气。关闭通活塞盘的切断阀，见图 8-4-1，打开油杯进油阀，逆时针旋转油泵的手轮，将油吸入油泵内。再顺时针旋转手轮，将油压入油杯。观察是否有小气泡从油杯中升起，反复操作，直到不出现小气泡时关闭油杯内的进油阀，如果使用砝码，开始时需打开通活塞盘的切断阀。

（2）顺时针旋转油泵手轮，使油压力逐渐上升，直到标准压力表指示到第一个压力校验点，读被校压力表指示值；如果使用砝码，加上相应压力的砝码，使油压力上升直到砝码盘逐渐抬起，到规定高度（活塞杆上有标志线）时停止加压，轻轻转动活塞盘（克服摩擦），读取被校压力表的指示值。

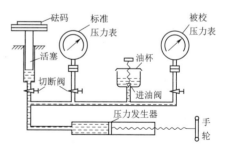

图 8-4-1　活塞式压力计

（3）继续加压到第二个、第三个……校验点，重复上述操作，直至满量程为止。

（4）逐渐减压，按上述步骤做下行程校验。

（5）求出被校压力表的基本误差；如果发现被校压力表的基本误差超过允许误差，则根据误差出现情况确定是先调整零位还是先调整量程（即灵敏度）。零位调整方法是：用取针器取出被校压力表指针，再按照零刻度位置轻轻压下指针。量程调整方法是：用螺丝刀松开扇形齿轮上的量程调节螺丝，改变螺钉在滑槽中的位置（应根据量程需要判断螺钉的移动方向），调好后固紧螺钉，重复上述校验。调量程时零位会变化，因此一般量程、零位要反复进行调整，一直到合格为止。如果被校压力表无法调整好，则做不合格处理。

四、校验报告

弹簧管压力表校验报告：（数据见表 8-4-1）

标准压力表：编号_____，量程_____，精度等级_____。

被校弹簧管压力表：编号_____，量程_____，精度等级_____。

校验时的环境条件：室温_____℃，大气压力_____Pa。

表 8-4-1 　　　　　　　　　　　　弹簧管压力表的校验数据 　　　　　　　　　　　单位：MPa

上行程	被校压力表示值				
	标准压力表示值				
	校验点绝对误差				
下行程	被校压力表示值				
	标准压力表示值				
	校验点绝对误差				

被校压力表的回差为_____%。

被校压力表的基本误差为_____%。

结论：该弹簧管压力表合格（或不合格）。

校验中其他情况_____。

实验者_____，第_____组，同组人_____。

日期_____年_____月_____日。

五、注意事项

（1）加压与降压过程中应注意被校压力表指针有无跳动现象。如有跳动现象，应拆下修理。

（2）活塞式压力计上的各切断阀只需有少许开度（例如阀手轮旋开 1/4 圈）。如果开度过大，被加压油可能从切断阀的阀芯处漏出。

（3）若校验氧气压力表，应该用水压进行实验，或在仪表与校验器之间连接隔离容器，以保证弹簧管不被油污染。

六、思考题

（1）什么是仪表上下行程的回差？回差产生的原因有哪些？

（2）为什么使用活塞式压力计时先要校水平，校验时为什么要转动砝码盘？

（3）如果被校弹簧管压力表超差，应如何调整？

第九章 汽 轮 机 原 理

实验一 汽 轮 机 构 造 认 识

一、实验目的

（1）熟悉汽轮机各部分的组成，熟悉静子、转子的结构。

（2）通过实验，加深对汽轮机结构的认识。

通过该实验课程的学习，学生对电厂汽轮机的结构、工作原理有较好的理解。为学习电厂汽轮机原理及系统课程增加感性认识，以达到较好的教学效果。通过对电厂汽轮机模型的观摩，初步认识电厂汽轮机的总体结构、工作过程及原理、各部分的作用等。

二、实验原理

通过对电厂汽轮机模型的观摩，初步认识汽轮机整体构成与各零部件及其作用；弄清汽轮机的工作原理。通过汽轮机级的能量转换过程的学习来认识汽轮机的结构，通过对汽轮机的结构认识加深对汽轮机的工作原理与效率分析等知识的理解。

三、实验内容

（1）认识汽轮机各部分的组成。

（2）认识静子、转子的结构。

认识汽轮机本体各主要部件的结构，包括转子——动叶栅、叶轮、主轴、联轴器等和定子——气缸、蒸汽室、喷嘴室、隔板、隔板套、汽封、轴承、轴承座、机座、滑销系统等。

转动部分包括动叶栅、叶轮（或转鼓）、主轴、联轴器等，固定部分包括气缸、蒸汽室、喷嘴室、隔板、隔板套（或静叶持环）、汽封、轴承、轴承座、基座、滑销系统等。

汽轮机是将蒸汽的热能转换为机械能的回转式原动机，是火电和核电的主要设备之一，用于拖动发电机发电。变速汽轮机还用于拖动风机、压气机、泵及舰船的螺旋桨等。在大型火电机组中还用于拖动锅炉给水泵。

就凝汽式汽轮机而言，从锅炉产生的新蒸汽经由主阀门进入高压缸，再进入中压缸，再进入低压缸，最终进入凝汽器。蒸汽的热能在汽轮机内消耗，变为蒸汽的动能，然后推动装有叶片的汽轮机转子，最终转化为机械能。

除了凝汽式汽轮机，还有背压式汽轮机和抽汽式汽轮机，背压式汽轮机可以理解为没有低压缸和凝汽器的凝汽式汽轮机，它的出口压力较大，可以提供给供热系统或其他热交换系统。抽汽式汽轮机则是指在蒸汽流通过程中抽取一部分用于供热和或再热的汽轮机。

四、实验设备介绍

300MW 汽轮机装置模型（图 9-1-1）。

图 9-1-1　300MW 汽轮机装置模型

五、实验步骤

（1）认识汽轮机整体结构。

（2）认识定子的组成及结构。

（3）认识转子的组成与结构。

六、该模型的参数

（1）额定功率 300MW。

（2）主蒸汽温度 535℃、压力 16.7MPa。

（3）主蒸汽流量额定流量 922t/h、最大连续流量 1025t/h。

（4）末级叶片长度 851mm。

（5）汽轮机级数 34（级）。

（6）高中压合缸，两个低压缸对称布置。

七、实验报告

实验结束 2 天内，应提交实验报告。实验报告包括实验目的、实验仪器、实验内容、实验步骤等内容。

八、讨论与思考

（1）汽轮机本体由哪些部分组成？

（2）静子、转子的结构？

实验二　汽轮机运行认识

一、实验目的

（1）熟悉汽轮机启停、运行的基本过程。

（2）通过实验，加深对汽轮机运行的认识。

通过该实验课程的学习，学生对电厂汽轮机的运行及地位有较好的理解。为学习电厂汽轮机原理及系统课程增加感性认识，以达到较好的教学效果。通过对电厂汽轮机运行状况的观摩，初步认识电厂汽轮机的工作过程及原理、汽轮机的运行控制等。

二、实验原理

掌握蒸汽在汽轮机中的流动、膨胀做功过程；了解汽轮机的运行状况（包括启动、停机、正常运行及变工况），调节系统的工作原理与过程；了解汽轮机最大工况、最危险工况的原理及注意事项。

三、实验内容

（1）认识汽轮机启停、运行的基本过程。

（2）认识汽轮机变工况运行过程。

认识汽轮机的启动、停机及整体运行方式等；认识喷嘴调节配汽、节流调节配汽方式下的升降负荷及启停过程。认识最危险工况发生的时机，定压运行及滑压运行的适用范围。

单级汽轮机所能有效利用的等熵焓降是不大的，为了利用较大的等熵焓降，必须采用多级汽轮机。

多级汽轮机中蒸汽逐级膨胀的热力过程与单级相比，它的特点是：①前一级的余速损失在一定的条件下可以在下一级中得到利用；②各级等熵焓降之和大于整个汽轮机的等熵焓降 H_0，两者的比值大于 1。因此，多级汽轮机总的内效率大于各级平均内效率。进气段表示汽轮机的进汽过程，即蒸汽通过主汽阀和调节阀时的节流过程。膨胀段表示蒸汽通过 1 个双列速度级和 8 个冲动级时的热力过程。出口段包括末级余速损失过程和从汽轮机末级出口到凝汽器进口的蒸汽节流过程损失两部分。用 H_i 表示整台汽轮机的有效焓降，即单位流量蒸汽流过多级汽轮机时所做的功，当质量流量为 q_m 时，则汽轮机的功率 $N = q_m H_i$。

为适应外界负荷变化，需要改变汽轮机的进气量，调节进汽量的主要方法有节流调节、喷嘴调节、旁通调节和滑压调节。

依靠改变调节阀的开度来调节进汽量。当调节阀部分开启时，汽轮机进汽过程的节流损失增加，这表现为状态点沿水平线向右移动，使汽轮机效率下降。节流调节的优点是汽轮机的构造简单、制造成本低，缺点是低负荷时热效率很差。

将调节级的喷嘴分为几组，每组各由一只调节阀控制，通过依次启闭这些调节阀来调节进汽量。1 台有 4 只调节阀的汽轮机进汽室的横剖面，当打开 1 只或 2 只阀时，汽轮机发出低于额定的功率；当 3 只阀全开足时，所通过总汽量 G_0 可以使汽轮机发出额定功率。当新汽参数降低或背压升高时，4 只阀全开，以保证汽轮机仍能发出额定功率。喷嘴调节的工作曲线中的压力线 p_1 表示调节级后蒸汽压力随汽轮机流量（即功率）而变化的情况。p_I、p_{II}、p_{III} 和 p 各曲线表示各调节阀由关闭到开足时各组喷嘴前的压力随进汽量而变化的情况。采用这种调节方式时，通常至多只有最后开启的一只阀的节流较大。因此，这种方式在部分负荷时的节流损失比采用节流调节小得多。这种调节方式的缺点是当第一只调节阀全开时，调节级前后的压差很大，而且是部分进汽，这对调节级叶片的强度振动特性极为不利。旁通调节指汽轮机在高负荷时，蒸汽绕过高压级组，直接进入低压级组，以通过较多的蒸汽。这种调节方式只在船用汽轮机上仍有采用。

保持汽轮机调节阀开度不变，依靠滑压（改变锅炉供汽压力）来调节汽轮机的进汽量。这种调节方式的主要特点是调节级后的温度变化极小，因而避免了在汽缸内产生较大热应力的危险。另有采用滑压与喷嘴混合调节的方式，即在满负荷到半负荷之间采用喷嘴调节，而在半负荷以下依靠锅炉滑压来调节。

四、实验设备介绍

300MW 汽轮机装置模型（图 9 – 1 – 1）。

五、实验步骤

（1）认识汽轮机基本运行状况。

（2）认识汽轮机启停过程。

（3）认识汽轮机变工况运行过程。

六、实验平台参数

（1）额定功率 300MW。

（2）主蒸汽温度 535℃、压力 16.7MPa。

（3）主蒸汽流量额定流量 922T/H、最大连续流量 1025T/H。

（4）再热蒸汽流量 754T/H、再热蒸汽温度 535℃、压力 3.29MPa。

（5）转速 3000r/min。

（6）给水温度 272.4℃。

（7）回热抽气段数 8。

（8）额定冷却水温度 20℃。

（9）额定排气压力 0.0054MPa。

（10）保证净热耗 8080kJ/(kW·h)。

七、实验报告

实验结束 2 天内，应提交实验报告。实验报告包括实验目的、实验仪器、实验内容、实验步骤等内容。

八、讨论与思考

（1）汽轮机启动与停机的危险工况。

（2）汽轮机变工况运行对效率的影响。

第十章 锅 炉 原 理

实验一 燃煤发热量的测定实验

一、实验目的

掌握氧弹热量计测量发热量的基本原理，初步学会利用氧弹热量计测量发热量的方法，巩固发热量的基本概念。

二、实验原理

直接由氧弹热量计测得的发热量称氧弹发热量 Q_{DT}，再通过修正计算便可得到煤的发热量。

1. 基本原理

把一定量的煤试样放于充氧气的氧弹筒内完全燃烧。氧弹筒浸没在盛有一定量水的容器中。煤试样燃烧后放出的热量使氧弹热量计量热系统（包括盛水的容器、容器内的水、搅拌器和量热温度计等）的温度升高，测定水的温度升高值即可计算氧弹发热量。氧弹发热量的计算式为

$$Q_{DT} = \frac{K \Delta t_z - q}{0.001 G_s} \qquad (10-1-1)$$

式中：K 为氧弹热量计系统与浸没氧弹的水的热容量，kJ/℃；q 为引燃物等的放热量，kJ；Δt_z 为浸没氧弹水的温升值，℃；G_s 为燃煤试样的质量，g。

2. 热容量 K

氧弹热量计量热系统的温度升高 1℃ 所吸收的热量称氧弹热量计的热容量或水当量 K。它可用标定方法确定，即将已知发热量的苯甲酸燃料于氧弹筒内完全燃烧，测定水的温升，求出 K 值：

$$K = \frac{q_b}{\Delta t_{bz}} \qquad (10-1-2)$$

式中：q_b 为苯甲酸等燃料在氧弹筒内发出的热量，kJ；Δt_{bz} 为标定时浸没氧弹水的温升值，℃。

3. 测量误差与双水筒氧弹热量计

氧弹浸没水的温升 Δt_z 是氧弹热量计正确测量发热量的基础。Δt_z 误差来源主要有：浸没氧弹的水与周围环境热交换造成的误差和温度计读数误差。前者往往采用双水筒的方法校正氧弹测热计与周围环境间热交换对测定发热量造成的误差。

双水筒氧弹热量计原理如图 10-1-1 所示，氧弹浸没于内水筒中，内水筒放于双壁外水筒中。内外水筒都有水搅拌器。双水筒依工作原理不同可分为两种，一种是绝热式，另一种是恒温式。绝热式是在发热量的测试过程中，使外筒水温与内筒水温保持一致，以消除内外筒间的热交换，它需要通过自动调节装置调节外筒水温跟随内筒水温变化。恒温式是在发热量的测定过程中，使外筒水温保持恒值，用计算方法校正内外筒间由于热交换对内筒水温的影响，亦称为热交换校正或冷却校正。通常采用大水容量并带有绝热层的外筒，以保持外筒温度恒定；亦可采用自动装置调节水温。

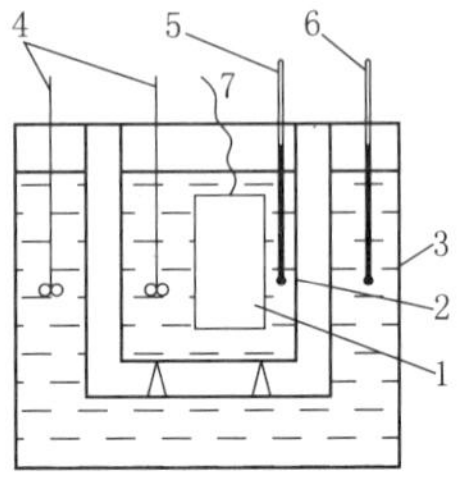

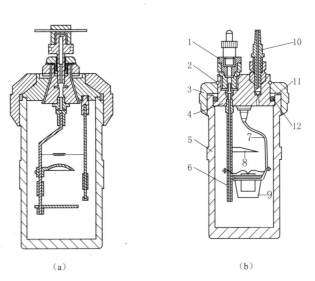

图 10-1-1 双水筒氧弹
热量计原理示意图

1—氧弹；2—内水筒；3—外水筒；
4—水搅拌器；5—内筒温度计；
6—外筒温度计；7—氧弹点火引线

三、实验仪器和用具

(1) ZDHW-300 微机全自动量热仪。仪器的特点、系统结构、系统工作原理、仪器的安装等详细内容见其使用说明书。它由下列主要部件构成。

1) 氧弹。如图 10-1-2 所示，氧弹是一个圆筒形弹体，筒体密封严密，用耐热耐腐蚀不锈钢制成。容积 250～300mL，筒内为试样燃烧空间，内充氧气，初压为 2.8～3.0MPa。

(a)   (b)

图 10-1-2 自动密封氧弹

(a) 圆形橡胶密封圈；(b) 方形橡胶密封圈

1—进气阀；2—弹簧圈；3—联接环；4—弹盖；5—弹体；6—氧气导管；7—电极；
8—遮火罩；9—燃烧皿（放试样）；10—排气阀；11—压环；12—橡胶密封圈

2) 内水筒。内水筒盛水量 2000～3000mL。带搅拌器室的内水筒盛水量约 3000mL。氧弹淹没于内水筒的水中。

3) 外水筒（又称水套）。外水筒为双层容器，其内层壁与内筒之间保持 10mm 间隙。外水筒盛满水时，它的热容量应不小于该热量计热容量的 5 倍。

4) 搅拌器。搅拌器的作用是使筒内的水流动，以使氧弹放热量尽快在系统内均匀散布。

(2) 压饼机。用以压制直径约 10mm 的试样煤饼。

(3) 分析天平。本实验室有 TG-328 型电光分析天平一台，此天平可作精密称量分析测定之用，其最大称量是 200g，最小是 0.0001g；有 FA224 型电子分析天平一台，此天平也可作精密称量分析测定之用，其最大称量是 220g，最小是 0.0001g。天平的结构、作用原理以及使用天平的步骤参见其使用说明书。

四、实验步骤

(1) 在燃烧皿中精确称取分析试样（粒径小于 0.2mm）0.9~1.1g（精确到 0.0002g）。

(2) 燃烧易于飞溅的试样，先用已知质量的擦镜纸包紧再进行测试，或先在压饼机中压制成 2~4mm 的小块使用。不易完全燃烧的试样，可先在燃烧皿底垫上一个石棉垫，或用石棉绒做衬垫（先在皿底铺上一层石棉绒，然后以手压实）。石英燃烧皿不需任何衬垫。如加衬垫仍燃烧不完全，可提高充氧压力至 3.2MPa，或用已知质量和热值的擦镜纸包裹称好的试样美工用于压紧，然后放入燃烧皿中。

(3) 将点火丝的两端分别接在电极柱上，注意要与试样保持良好的接触，并注意勿使点火丝接触燃烧皿，以免形成短路而导致点火失败，甚至烧毁燃烧皿或者电极柱，同时还要注意两电极间以及燃烧皿与另一电极间的短接。

往氧弹中加入 10mL 蒸馏水，旋紧氧弹盖，轻轻放在充氧仪上（防止燃烧皿与点火丝的位置因受振动而改变），使用充氧仪往氧弹中缓缓充入氧气，直到压力为 2.8~3.0MPa，充氧时间不得少于 15s；如果不小心充氧压力超过 3.3MPa，应停止实验，放掉氧气，重新充氧至 3.2MPa 以下。当钢瓶中的氧气压力降到 5.0MPa 以下时，充氧时间应酌量延长，当钢瓶中的氧气压力降到 4.0MPa 以下时，应更换新的氧气瓶。

(4) 将氧弹放入内筒中，将量热仪上盖盖好，输入样重，单击软件"开始"按钮，系统开始测试，测试结束后软件自动计算出结果并在屏幕上显示出来。

(5) 输入测试的各项参数，这些数据可在测试中或测试后输入，测试完毕后可以改变参数，当改变参数后，系统将根据新的参数自动计算结果。

五、实验分析与讨论

图 10-1-3 是双水筒氧弹热量计最终结果的电脑软件显示记录的截图结果。曲线显示了煤的发热量随着时间的一个变化曲线，右面的数据栏分别给出了低位发热量和高位发热量的具体数值。

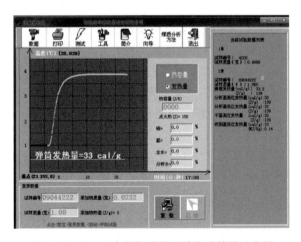

图 10-1-3 双水筒氧弹热量计实验结果示意图

实验二 煤中水分的测定

一、实验目的

煤的工业分析又叫煤的实用分析。它通过规定的实验条件测定煤中水分、灰分、挥发分和固定碳等质量含量的百分数，并观察评判焦炭的黏结性。煤的工业分析是锅炉设计、灰渣系统设计和锅炉燃烧调整的重要依据。通过煤的工业分析实验，可进一步巩固煤的工业分析成分概念，学会煤的工业分析方法与有关仪器、设备的使用知识。

煤的工业分析试样，其成分质量百分数在符号 M 的右上角用分析基 f 表示。

二、实验原理

煤中的水可分为游离水和化合水。游离水以附着、吸附等物理现象同煤结合，化合水以化学方式与煤中某些矿物质结合，又称结晶水。煤中游离水称为全水分。其中一部分附在煤表面上，称外部水分；其余部分吸附或凝聚在颗粒内部的毛细孔内，称内部水分。煤中的全水分在稍高于 $100℃$ 下，经过足够的时间，可全部从煤中脱出。

煤的工业分析测定的是煤的全水分。根据煤样的不同，又分原煤样的全水分（应用基水分 W^Y）和分析煤样水分 W^f。在实验室条件下，去除煤外部水分后的试样称为煤分析试样，制取煤分析试样的方法是：先将 3mm 以下的 0.5kg 原煤倒入方形浅盘中，使煤层厚度不超过 4mm。然后，把煤盘放在 $70\sim80℃$ 烘箱中干燥 1.5h。取出煤盘，将煤粉碎到粒径 0.2mm 以下，在实验室内的温度下冷却并自然干燥 24h。

由上述可知，煤工业分析必须规定明确的实验条件，测定的水分、灰分、挥发分等含量是在一定实验条件下得到的，是一种相对的鉴别煤工业特性的成分数据。通过煤的工业成分分析，即可大致了解该种煤的经济价值和基本性质。

三、实验仪器和用具

称取一定质量的分析试样，置于 $105\sim110℃$ 的烘箱中干燥至恒重，其失去的质量占试样质量的百分数即为分析试样水分或分析基水分 W^f。

1. 电热风箱

实验用的电热风箱应带有自动调温装置，能维持 $105\sim110℃$ 恒温。风箱内的通风方式分为自然通风和机械通风两种。

2. 小型玻璃称量瓶（或瓷皿）与干燥器

带有磨口的小型玻璃称量瓶的直径为 40mm，高为 25mm。瓷皿也带盖，直径为 40mm。干燥器内装干燥剂，以保持试样和容器的干燥。

3. 分析天平

本实验采用 TG-328 型电光分析天平，实验原理见本章实验一。

使用精密天平时必须注意以下事项。

（1）在一个实验中应使用同一架天平。

（2）称量物不能超过天平最高载量，一般不宜超过最高载量的一半。

（3）不能在天平上称过冷或过热的试样。

（4）称量物必须放在容器内，不允许直接接触天平盘。

（5）手不能直接接触天平、砝码和称量物容器。

四、实验步骤

将已烘干的称量瓶（或瓷皿）加盖称其质量，精确到 0.0002g，并保持质量不变，称取煤的分析试样（1±0.1）g，准确到 0.0002g，倒入称量瓶（或瓷皿）中，将盖半开，放到已预先加热到 105～110℃ 的烘箱内进行干燥。无烟煤干燥 1～1.5h，烟煤、褐煤干燥 1h。然后，取出称量瓶（或瓷皿）加盖，先在空气中冷却 2～3min，再放入干燥器中冷却到室温，再称质量。以后，重复烘 30min，冷却，称质量检查，直至质量减少量小于 0.001g 或质量开始增加时为止。在后一种情况下，以质量增大前的一次质量为计算依据，水分含量在 2% 以下时，可不进行检查性实验。

五、实验分析与讨论

煤分析试样干燥后减少的质量占质量的百分数即为分析试样（或分析基）水分含量 W^f：

$$W^f = \frac{\Delta G_w}{G} \times 100\%$$

$$(10-2-1)$$

式中：ΔG_w 为煤分析试样干燥后减少的质量，g；G 为煤分析试样质量，g。

工业分析水分测定允许误差见表 10-2-1。

表 10-2-1　工业分析水分测定允许误差　　%

水分含量 W^f	同一实验室允许误差
<5	0.20
5～10	0.30
>10	0.40

实验三　燃煤的分析基灰分测定实验

一、实验目的

开展煤中工业分析实验，测量其中灰分，学会煤的灰分测量方法与有关仪器、设备的使用知识。煤的工业分析试样，其成分质量百分数在 A 的右上角用分析基 f 表示。

二、实验原理

煤的灰分是指煤在完全燃烧后留下的残渣。它与煤中存在的矿物质不完全相同，这是因为在燃烧过程中矿物质在一定的温度下发生一系列的氧化分解和化合等复杂反应。

煤的挥发分是煤在隔绝空气条件下受热分解的产物。它的产生量、成分结构等与煤的加热升温速度、温度水平等有关。挥发分不是煤中的现存成分。

由上述可知，煤工业分析必须规定明确的实验条件，测定的水分、灰分、挥发分等含量是在一定实验条件下得到的，是一种相对的鉴别煤工业特性的成分数据。通过煤的工业成分分析，即可大致了解该种煤的经济价值和基本性质。

三、实验仪器与用具

将分析试样放入逐渐升温的马弗炉内缓慢燃烧，然后在（815±10）℃ 下灼烧至恒重。灼烧后残渣的质量占原试样质量的百分数即为分析基的灰分 A^f。

1. 马弗炉

马弗炉又名高温电炉，炉膛内最高温度可达 1000℃，常用温度在 950℃ 以下，带有调温装置。炉腔内有恒温区，炉子后壁上部有直径为 20～30mm 的烟囱，下部有插热电偶的小孔。小孔位置应使热电偶测点在炉内距炉底 20～30mm。炉门上应有直径约为 20mm 的通气孔。

2. 分析天平

本实验用 TG－328 型电光分析天平，实验原理同本章实验一。

3. 灰皿与其他

(1) 灰皿，呈长方形（底长 45mm，宽 22mm，高 14mm）。

(2) 干燥器，工作原理见本章实验二。

(3) 长柄坩埚钳。

(4) 耐热金属丝架或瓷板，其宽度略小于炉腔宽度，长度根据炉腔内恒温区的位置确定。

四、实验步骤

称取煤的分析试样（1±0.1）g，准确到 0.0002g，倒入已处理且质量恒定的灰皿内，用摆动方法使煤样摊平，放入温度不超过 100℃的马弗炉中。如与水分联测，则把测定水分后装有试样的瓷皿放入马弗炉中。炉内留有 15mm 的缝隙（或打开炉门上的通风孔），保持自然通风，在 30min 内使炉温缓慢升至 500℃，在此温度下维持 30min，然后继续升温到（815±10）℃。关闭炉门，维持恒温，灼烧 1h。取出灰皿，先放在石棉板上冷却 5min，再移入干燥器冷却到室温，称质量。以后，进行每次 30min 的检查性灼烧，称质量，直到质量变化小于 0.001g 为止。最后一次质量作为计算依据。煤样灰分含量小于 15％时，可不进行检查性灼烧。

五、实验分析与讨论

煤试样灼烧后残留物的质量占原分析试样质量的百分数即为分析试样的灰分 A^f：

$$A^f = \frac{G_A}{G} \times 100\% \tag{10-3-1}$$

式中：G_A 为分析试样（或水分联做的试样）灼烧后残留物的质量，g；G 为原分析试样质量，g。

工业分析灰分测定允许误差见表 10-3-1。

表 10-3-1　工业分析灰分测定允许误差　%

灰分 A^f	同一实验室允许误差
<5	0.20
5～30	0.30
>30	0.50

实验四　水冷壁热偏差实验

一、实验目的

(1) 通过演示实验，使学生深化掌握锅炉自然水循环过程中上升管接受到不同热负荷时流动状态的差别。

(2) 了解自然水循环中上升管热偏差下的自然水循环现象。

二、实验原理

自然循环锅炉中的循环动力，是靠上升管与下降管之间的压力差来维持的，它是由锅筒（汽包）、下集箱、下降管和上升管组成。上升管由于受热，工质随温度升高而密度变小；或在一定的受热强度和时间下，上升管会产生部分蒸汽，形成汽水混合物，从而也使上升管工质密度大力降低。这样，不受热的下降管工质密度与上升管工质密度存在一个差值，依靠这个密度差产生的压差，上升管的工质向上流动，下降管的工质向下流动进行补足，这便形成的循环回路。只要上升管的受热足以产生密度差，循环便不止。通过给定不同热负荷，观察平行管在不同热负荷下的流动偏差现象。

图 10 - 4 - 1 是自然循环锅炉的循环实验装置结构示意图。自然循环锅炉中的循环动力，是靠上升管与下降管之间的压力差来维持的，它是由上锅筒（汽包）、下集箱、下降管和上升管等组成的。上升管由于受热，工质随温度升高而密度变小；或在一定的受热强度和时间下，上升管会产生部分蒸汽，形成汽水混合物，从而也使上升管工质密度大力降低。这样，不受热的下降管工质密度与上升管工质密度存在一个差值，依靠这个密度差产生的压差，上升管的工质向上流动，下降管的工质向下流动进行补足，这便形成了水循环回路。只要上升管的受热足以产生密度差，循环便不止。

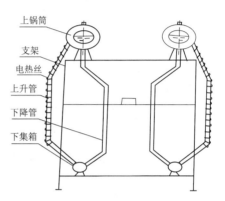

图 10 - 4 - 1　自然循环锅炉的循环
实验装置结构示意图

三、实验仪器与用具

实验采用工业锅炉自然水循环实验装置开展。装置由自然水循环系统组成，每组系统由 5 根玻璃制上升管、3 根玻璃制下降管、一个上锅筒和一个下集箱所组成。系统安装在支架上；每根上升管都缠有额定功率为 500W 的加热电热丝。各上升管的加热可以通过相应的电子调压器来调节输入电压，也可以利用加热开关来接通或断开电源，由此可以调节各上升管的加热程度（或停止加热），从而可以演示出上升管和下降管中正常自然水循环系统中热偏差不同时的工质流动状态。演示时，可用电流电压检测按钮观察和测定加热电路中电流和电压，来计算加热电功率。

四、实验步骤

（1）使用前，检查上锅筒中的水位，如水位不够，应适量添加。

（2）先将各调压器调至零位，检查电路和仪表无异常情况。

（3）打开电源开关，接通电源，然后打开各加热开关。

（4）将 3 个调压器调至 180～200V，加热约半小时，直至系统进入沸腾状态。此时可以从上升管和下降管中观察到正常的自然水循环状态，所有的上升管中的水向上流动，而下降管中的水则向下流动。

（5）选择 1、2 号调压器加热电路，下调这个调压器电压至 50V 左右，将会有相应的两根上升管相同的降温，从而可能导致在这些受热弱的上升管中出现故障。

（6）选择1、2号和3、4号两组调压器加热电路，断开1、2号上升管的加热开关，再下调3、4号调压器电压至50V左右，会有两根上升管相同的降温，另两根上升管断电停止加热，也可能在这些受热弱的上升管中导致故障出现。

（7）选择任3、4（或者1、2）调压器加热电路，不下调这个调压器电压。而是断开其两根上升管的加热开关，就会只有相应的两根上升管断电不加热，也有可能在这两根受热弱的上升管中出现故障。

（8）实验结束后，将所有调压器调至零位，并断开各加热开关和总电源开关。

五、实验分析与讨论

当上升管受热量不同的时候，上升管中水产生的气泡量不同，运动速度不同。由此就可以根据上升管中气泡运动方向和快慢来确定水循环所处不同状态。以此来推断热偏差引起的效果。

六、实验注意事项

（1）检查上锅筒中的水位，如水位不够，应适量添加。

（2）实验过程中禁止触摸电阻丝和高温壁面。

实验五　水循环倒流和停滞现象实验

一、实验目的

（1）深化掌握锅炉自然水循环的基本原理。

（2）观察在自然循环条件下平行并列管中气液两相的流动状态。

（3）了解自然水循环中的常见故障——停滞与倒流现象。

二、实验原理

锅炉工作的可靠性在很大程度上取决于水循环工况，对于在高温下工作的对流管束和水冷壁，为了避免管壁温度迅速升高，必须由流动的水来冷却，从而防止金属管壁的损坏破裂。

自然水循环是目前小型锅炉中普遍采用的水循环方式。自然循环锅炉中的循环动力，是靠上升管与下降管之间液柱重力差来维持的，其简单回路如图10-5-1所示，它由上锅筒（汽包）、下集箱、上升管和下降管组成。上升管由于受热，工质随温度升高而密度变小；或在一定的受热强度及时间下，上升管会产生部分蒸汽，形成汽水混合物，从而也使上升管工质密度大为降低。这样，不受热的下降管工质密度与上升管工质密度存在一个差值，依靠这个密度差产生的压差，使上升管的工质向上流动，而下降管的工质向下流动来进行补足，这便形成了循环回路。只要上升管的受热足以产生密度差，循环会不止。

循环回路是否正常，将影响到锅炉的安全运行。如果是单循环回路（只有一根上升管和一根下降管），由上升管至锅筒的工质将由下降管完全得到补充，使上升管得到足够的冷却，因而循环是正常的。但锅炉的水冷壁并非由简单的回路各自独立组成，而是由若干上升管并列组成受热管组，享有共同的锅筒、下降管、下集箱，如图10-5-2所示。这样组成的自然循环比单循环具有更大的复杂性，各平行管之间的循环相互影响，在各管受热不均匀的情况下，一些管子将出现停滞、倒流现象。

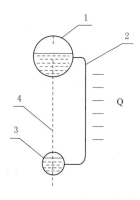

图 10 - 5 - 1　简单回路
1—上锅筒；2—下降管；3—上升管；4—下集箱

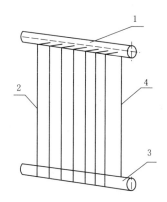

图 10 - 5 - 2　列管复合循环回路
1—锅筒；2—下降管；3—上升管；4—下集箱

实验装置见图 10 - 4 - 1。

循环停滞是指在受热弱的上升管中，其有效压头不足以克服下降管的阻力，使汽水混合物处于停滞状态，或流动得很慢，此时只有气泡缓慢上升，在管子弯头等部位容易产生气泡的积累使管壁得不到足够的水膜来冷却，从而导致高温破坏。

循环倒流是指原来工质向上流动的上升管，变成了工质自上而下流动的下降管。产生倒流的原因亦是在受热弱的管子中，其有效压头不能克服下降管阻力所致。如倒流速度足够大，也就是水量较多，则有足够的水来冷却管壁，管子仍能可靠地工作。如倒流速度很小，则蒸汽泡受浮力作用可能处于停滞状态，容易在弯头等处积累，使管壁受不到水的冷却而过热损坏。这两种特殊故障都是锅炉运行中应该避免的。

三、实验仪器与用具

工业锅炉实验台，共 2 台。另有胶管、加热电阻丝等。

四、实验步骤

（1）使用前，检查上锅筒中的水位，如水位不够，应适量添加。

（2）先将各调压器调至零位，检查电路和仪表无异常情况后，将各加热开关 S1、S2、S3 和 S7 置于接通位置（图 10 - 4 - 1）。

（3）接通三相电源，打开总电源开关。

（4）将 3 个调压器逐步调至 220V 左右，加热约半小时，直到系统进入沸腾状态。此时可以从上升管和下降管中观察到正常的自然水循环状态，所有的上升管中的水向上流动，而下降管中的水则向下流动。在沸腾剧烈时，可以看到管中产生柱状和弹状汽泡的水、汽流动状态。

（5）为了能够在水循环系统中演示常见的故障——停滞和倒流现象，在上述实验工况下，可采用 3 种方案来模拟一些上升平行管的受热不均匀情况，从而可能在受热弱的上升管中产生并观察到上述故障现象。

3 种可行的方案如下，可择其可行者来实验：

1）选定任何一调压器加热电路，连通两根上升管的加热开关，再下调这个调压器电压至 30V 左右，将会有两侧相应的 4 根上升管相同地降温，从而可能导致在这些受热弱的上升管中出现故障。

2）选定任一调压器加热电路，断开两根上升管的加热开关，再下调这个调压器电压至 30V 左右，会有两根上升管相同地降温，另两根上升管断电停止加热，也可能在这些受热弱的上升管中导致故障的出现。

3）选定任一调压器加热电路，断开其两根上升管的加热开关，但不下调这个调压器的电压，就会只有相应的两根上升管断电不加热，也有可能在这两根受热弱的上升管中出现故障。

4）实验结束后，将所有调压器调至零位，并断开总电源。

五、实验分析与讨论

通过实验运行调节，观察上升管中出现的停滞和倒流现象的成因。当上升管中部分或全部气泡不再向上运动，出现向下运动的情况，则认为上升管出现倒流现象；当上升管中气泡停滞在某一个确定的平面位置而不改变，既不向上运动，也不向下运动，则认为上升管中气泡出现了停滞不动的现象。通过断开和连接上升管加热装置的线路可实现这一现象的再现。由此可以获得出现这种现象的原因是：当加热量促使水气化所形成的气泡的浮升力不足以使上升管中水克服自身流动阻力时，上升管中水下降，气泡被水挟带向下流动，出现倒流。如果由于上升管受热致使密度变小的水所产生的浮升力与水自身流动阻力相等时，则水停滞不动，所产生的气泡也会在水面上浮动，而不会被挟带到其他地方，从而形成停滞现象。

六、注意事项

（1）检查上锅筒中的水位，如水位不够，应适量添加。

（2）实验过程中禁止触摸电阻丝和高温壁面。

七、思考题

（1）锅炉自然水循环的基本原理是什么？

（2）停滞与倒流现象的发生有何条件？

实验六　燃气锅炉热效率测量实验

一、实验目的

燃料燃烧产生热量，传递给锅炉内的水，热量传递的效果称为热效率。热效率越高，锅炉性能越好。锅炉的热效率是指燃料送入的热量中有效热量所占的百分数。锅炉热效率越高，燃气耗量越低。通过测定锅炉热效率，了解气体燃烧的热工特性，同时学习如何调整燃料与空气的配比，使燃烧保持最佳状态。另外通过锅炉热平衡计算，可以确定最佳工况，从而保证锅炉在热效率最高、有害物排出量最小的条件下工作。

二、实验原理

1. 系统流程

（1）燃气系统。燃气通过流量、压力、温度的测量后，由燃烧器与空气混合并点燃，产生的热量与锅炉中的水进行交换，烟气通过烟气成分分析后排出锅炉。

（2）锅炉水系统。锅炉中的水吸收燃气燃烧放出的热量温度增高，在出口测量供水温度，通过管道进入板式换热器，与板式换热器的自来水换热（模拟采暖用户）而降温，然后经过转子流量计计量流量并测量回水温度。

（3）测量系统。燃气流量用煤气表计量，压力用膜盒燃气压力表测量。循环水流量、生活用水流量用浮子流量计计量（流量计可由用户用重量法进行标定），生活用水入炉压力用压力表测量。温度使用热电阻传感器测量，由巡检仪显示。

2. 测定锅炉的热流量（热负荷）

单位时间内，进入燃烧设备的燃气燃烧所放出的热量称为热流量（热负荷）。

热流量等于燃气消耗量与燃气低位热值的乘积。

$$Q = G_v \times Q_{ar,net} \qquad (10-6-1)$$

式中：Q 为燃气燃烧所放出的热量；G_v 为实验时实验气的消耗量，m^3/h（由煤气表读出）；$Q_{ar,net}$ 为测试时采用的基准干燃气的低位热值，MJ/Nm^3。

3. 锅炉有效利用热

本实验中高温燃气被用来加热套管换热器中水，水所获得的热量被套筒中的冷却水所带走，通过套筒中冷却水获得的热量，就可以得到锅炉有效利用的热量。

$$Q_1 = G_c \times C_p \times (T_o - T_i) \qquad (10-6-2)$$

式中：Q_1 为锅炉有效利用的热量，kJ；G_c 为套管中冷却水的质量流量，kg/s；C_p 为冷却水的定压比热容，$kJ/(kg \cdot K)$；T_o 为冷却水出口温度，$℃$；T_i 为冷却水进口温度，$℃$。

4. 锅炉热效率

锅炉热效率是指锅炉输出的有效热量占消耗燃气所具有的热量的百分数。测定锅炉热效率有两种方法：①正平衡法；②反平衡法。

正平衡测定法亦称为直接测定法，它要求直接测出锅炉输出有效热量 Q_1 值与输入燃气所能发生的热量 Q 值，即

$$\eta = q_1 = \frac{Q_1}{Q} \times 100\% \qquad (10-6-3)$$

其中锅炉输出有效热量 Q_1 为锅炉加热的热水所含热量的变化量。

三、实验设备与用具

实验台由小型燃气锅炉、进口板式换热器、进口循环水泵、热电阻及热电偶测温、额定流量 $2.5m^3/h$ 干式气煤气表、压力表、转子流量计、万能输入 8 路巡检仪等组成。可测试小型燃气锅炉的热效率、热流量等热工性能和结构见图 10-6-1。

四、实验步骤

（1）将水箱加水至浮球阀位置，打开电源开关，检查仪表显示是否正常。

（2）打开煤气阀，开启水泵，打开换热器热水阀，调节阀门 2，使热水器进水流量 70L/h 左右；燃气热水器自动打火，启动燃气热水器。

（3）打开秒表，记录燃气表转动一格所需时间，并计算燃气的瞬时流量。

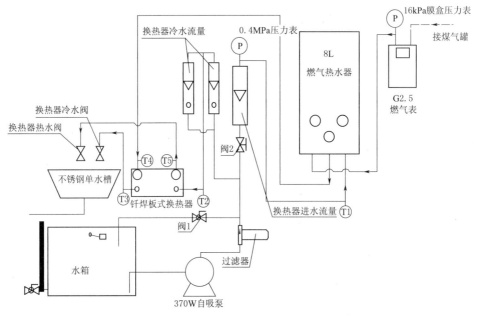

图 10-6-1 燃气锅炉结构图

（4）待系统稳定 3～5min，记录热水器 T_1、T_4 进水流量。

（5）实验完成后，关闭热水器点火开关，关闭煤气阀；水泵继续运行 3～5min，使 T_4 温度下降至 30℃ 以下时，关闭水泵和电源开关；整理实验台。

针对以上实验步骤的注意事项如下：

（1）热水器的水流量须大于等于 60L/h 时，热水器才可以点火。当热水器出水温度过高时，热水器会自动熄火保护。

（2）实验时要打开实验室门窗，保持空气流通，防止一氧化碳中毒。

（3）实验完成后，检查煤气罐是否关闭（煤气罐阀门需关闭）。

五、实验分析与讨论

记录计算表见表 10-6-1。

表 10-6-1　　　　　　　　　实验数据和计算结果的数据表

燃气种类			燃气热值		
燃气压力			燃气温度		
室内气压			室内温度		
	项　目		第一次值	第二次值	平均值
热负荷测定	测试所用时间/s				
	流量计初读值 V_1/(m³/h)				
	流量计终读值 V_2/(m³/h)				
	热负荷/kW				

	项　目	第一次值	第二次值	平均值
热效率测定	水的示值流量/(L/h)			
	水质量流量/(kg/h)			
	水初温 t_1/℃			
	水终温 t_2/℃			
	热效率			

六、注意事项

（1）实验前检查管路、阀门、仪表是否完好、可用。

（2）实验后放水，关闭水阀、气阀等。

七、讨论与思考

（1）试分析小型两用燃气锅炉的结构组成。

（2）试分析当小型两用燃气锅炉在低负荷或高负荷下工作时，其效率应是怎样的？

实验七　燃气锅炉热损失测量实验

一、实验目的

为了达到合理的燃烧，需要对燃烧的品质加以控制，即可根据锅炉排烟处的烟气含氧量来控制通风系统，调节通风量，以保持适量的空气过量系数，减少锅炉热损失。燃料在锅炉中完全燃烧所放出的总热量减去锅炉有效利用的那部分热量，就是锅炉的热损失，包括锅炉排出的烟气所带走的热量、炉身散失于四周空气的热量、燃料未曾燃烧或燃烧不完全而未放出的热量以及灰渣带走的物理热量等。这些损失分别以占燃料完全燃烧所放出的总热量的百分率表示。主要的热损失包括排烟损失、气体和固体不完全燃烧热损失、散热损失、灰渣物理热损失，燃气锅炉的热损失主要有排烟损失。

二、实验原理

1. 系统流程

（1）燃气系统。燃气通过流量、压力、温度的测量后，在燃烧器中与空气混合并点燃，产生的热量与锅炉中的水进行交换，烟气通过测温后排出锅炉。

（2）锅炉水系统。锅炉中的水吸收燃气燃烧放出的热量温度增高，在出口测量供水温度，通过管道进入板式换热器，与板式换热器的自来水换热（模拟采暖用户）而降温，然后经过转子流量计计量流量并测量回水温。

（3）测量系统。燃气流量用煤气表计量，压力用膜盒燃气压力表测量。循环水流量、生活用水流量用浮子流量计计量（流量计可由用户用重量法进行标定），生活用水入炉压力用压力表测量。温度使用热电阻传感器测量，由巡检仪显示。

2. 锅炉热平衡方程式

为了计算方便，对于燃气锅炉的热平衡，应以每标 m^3（标准立方米）燃气为基础进行计算。一般锅炉的热平衡方程式如下：

$$Q=Q_1+Q_2+Q_3+Q_4+Q_5 \qquad (10-7-1)$$

式中：Q 为相当每标 m^3 燃气的输入热量，kJ/标 m^3；Q_1 为相当每标 m^3 燃气的有效输出热量，kJ/标 m^3；Q_2 为相当每标 m^3 燃气的排烟损失热量，kJ/标 m^3；Q_3 为相当每标 m^3 燃气的化学未完全燃烧损失热量，kJ/标 m^3；Q_4 为相当每标 m^3 燃气的机械未完全燃烧损失热量，kJ/标 m^3；Q_5 为相当每标 m^3 燃气的锅炉本体的散热损失热量，kJ/标 m^3。

用 Q 值除式（10-7-1），可得以百分数来表示的热平衡方程式：

$$q_1+q_2+q_3+q_4+q_5=100 \qquad (10-7-2)$$

$$\begin{cases} q_1=\dfrac{Q_1}{Q}\times 100 \\[2mm] q_2=\dfrac{Q_2}{Q}\times 100 \\[2mm] q_3=\dfrac{Q_3}{Q}\times 100 \\[2mm] q_4=\dfrac{Q_4}{Q}\times 100 \\[2mm] q_5=\dfrac{Q_5}{Q}\times 100 \end{cases} \qquad (10-7-3)$$

式中：q_1 为锅炉的有效输出热量百分数，%；q_2 为排烟热损失百分数，%；q_3 为化学未完全燃烧损失百分数，%；q_4 为机械未完全燃烧损失百分数，%；q_5 为锅炉本体散热损失百分数，%。

在正常工作条件下，燃气锅炉化学不完全热损失极小，可以忽略不计，则 $Q_3=0$ 及 $q_3=0$；保温绝热效果良好，$Q_5=0$，$q_5=0$；没有机械损失，所以 $Q_4=0$，$q_4=0$。

因此，只需要考虑排烟损失就可以。

三、实验仪表与用具

实验台由小型燃气锅炉、进口板式换热器、进口循环水泵、热电阻及热电偶测温、额定流量 $2.5m^3/h$ 干式气煤气表、压力表、转子流量计、万能输入 8 点巡检仪等组成。可测试小型燃气锅炉的热效率、热流量等热工性能，结构见图 10-6-1。

四、实验步骤

(1) 将水箱加水至浮球阀位置，打开电源开关，检查仪表显示是否正常。

(2) 打开煤气阀，开启水泵，打开换热器热水阀，调节阀门 2，使热水器进水流量 70L/h 左右。燃气热水器自动打火，启动燃气热水器。

(3) 打开秒表，记录燃气表转动一格所需时间，并计算燃气的瞬时流量。

(4) 待系统稳定 3～5min，记录热水器 T_1、T_4 进水流量。

(5) 在热水器烟气出口处，用温度计测量烟气温度。

(6) 实验完成后，关闭热水器点火开关，关闭煤气阀。水泵继续运行 3～5min，使 T_4 温度下降至 30℃以下时，关闭水泵和电源开关。整理实验台。

五、实验分析与讨论

根据测量的温度、流量等数值，查阅比热容、低位热值等参数，计算各项热损失值。

记录数据见表 10-7-1。

表 10-7-1   **实 验 数 据 记 录 表**

燃气种类		燃气热值		
燃气压力		燃气温度		
室内气压		室内温度		
	项 目	第一次值	第二次值	平均值
	测试所用时间/s			
热负荷测定	流量计初读值 V_1			
	流量计终读值 V_2			
	热负荷/kW			
排烟温度测定				

六、注意事项

(1) 热水器的水流量须大于等于 60L/h 时，热水器才可以点火。当热水器出水温度过高时，热水器会自动熄火保护。

(2) 实验时要打开实验室门窗，保持空气流通，防止一氧化碳中毒。

(3) 实验完成后，检查煤气罐是否关闭。煤气罐阀门需关闭。

七、讨论与思考

(1) 试分析热损失的组成和影响因素。

(2) 试分析烟气热损失的影响因素。

第十一章 制冷原理及设备

实验一 单级蒸气压缩式制冷机的性能分析实验

一、实验目的

在理解四通换向阀及制冷四大件的结构和工作原理的基础上，通过对单级蒸气压缩式制冷机进行开停机操作、工况稳定后测试出制冷量、放热量及压缩功等，帮助学生加深对单级蒸气压缩式制冷（热泵）循环工作过程的理解，熟悉制冷（热泵）循环演示系统工作原理，掌握制冷（热泵）循环系统的操作、调节方法，并能应用测量数据，进行制冷（热泵）循环系统粗略的热力计算与分析。

二、实验装置

实验装置如图 11-1-1 所示。

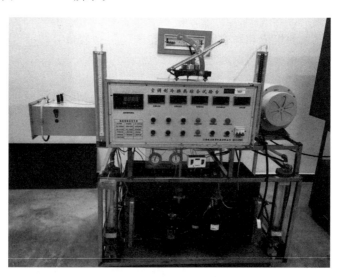

图 11-1-1 单级蒸气压缩式制冷机的性能分析实验台

三、实验所用仪表、仪器设备

实验所用代表仪器设备有：转子流量计、温度计、压力表、电压表、电流表、蒸气压缩式制冷机。

四、操作步骤

（1）制冷循环。先通过控制面板将制冷系统中的四通换向阀调至"制冷"位置上，然后打开冷却水阀门，利用转子流量计上面的阀门，适当调节蒸发器和冷凝器的供水流量，再开启压缩机、观察制冷工质的冷凝及蒸发过程与其现象。制冷系统需要运行（至少 8min 以上才会趋于）稳定，记录输入电流 I、电压 U、冷凝压力 $P_冷$、蒸发压力 $P_蒸$，换热器 1 的进水温度 t_1、出水温度 t_2、水体积流量 q_{v1}，换热器 2 的进水温度 t_3、出水温度 t_4、水体积流量 q_{v2} 等有关的参数，并关注随时间的变化。

（2）热泵循环：把制冷系统中的四通阀调整至"热泵"位置上，再打开冷却水阀门，利用转子流量计上面的阀门，适当调节蒸发器和冷凝器的供水流量，再开启压缩机、观察制冷工质的冷凝及蒸发过程与其现象，热泵系统需要运行（至少 8min 以上才会趋于）稳定，记录制冷压缩机输入电流 I、电压 U、冷凝压力 $P_冷$、蒸发压力 $P_蒸$，换热器 1 的进水温度 t_1、出水温度 t_2、水体积流量 q_{v1}'，换热器 2 的进水温度 t_3、出水温度 t_4、水体积流量 q_{v2}' 等有关的参数。并注意观察各参数随时间的变化。

（3）实验结束后，必须先按下停止压缩机的开关，切断压缩机的供给电源，然后再关闭供水阀门。

（4）调节过程中注意记录过程数据，注意观察两个换热器水箱系统水面的变化及单向阀前后管路表面的现象，有助于分析实验结果的变化。数据记录表可参考表 11-1-1，计算时注意单位换算。

表 11-1-1　　　　　　　　　　　实验记录表格参考模板

项　目		q_{v1} (q_{v1}') /(L/h)	q_{v2} (q_{v2}') /(L/h)	t_1 /℃	t_2 /℃	t_3 /℃	t_4 /℃	U /V	I /A	$t_排$ /℃	$t_回$ /℃	$P_蒸$ /MPa	$P_冷$ /MPa
制冷	0min												
	1min												
	2min												
	…												
制热	0min												
	1min												
	2min												
	…												

五、实验数据处理

系统初始静压力 $P_初=$ _____；环境温度 _____；大气压力 _____。

认真观察实验装置，理清循环流路，画出实验装置制冷循环的流程图，包括辅助部件。

制冷（热泵）循环系统的热力计算

1. 当系统作制冷机运行时

换热器 1 的制冷量为　　　　　$Q_1=G_1 C_P(t_1-t_2)+q_1$

换热器 2 的排热量为　　　　　$Q_2=G_2 C_P(t_3-t_4)+q_2$

热平衡误差为　　　　　$\Delta_2=\dfrac{Q_1-(Q_2-N)}{Q_1}\times100\%$

145

制冷系数：
$$\varepsilon_1 = \frac{Q_1}{N}$$

$$N = \eta\,\frac{UI}{1000}$$

2. 当系统作热泵运行时

换热器 1 的排热量为
$$Q_1' = G_1'C_P(t_2 - t_1) + q_1'$$

换热器 2 的制冷量为
$$Q_2' = G_2'C_P(t_4 - t_3) + q_2'$$

热平衡误差为
$$\Delta_2 = \frac{Q_1' - (Q_2' + N)}{Q_1'} \times 100\%$$

制热系数：
$$\varepsilon_2 = \frac{Q_1'}{N}$$

上述各式中 G 为水流量，kg/s，下标 1、2 分别表示为换热器 1 和换热器 2；t_1、t_2 和 t_3、t_4 为换热器 1 和换热器 2 的水进出温度，℃；C_P 为水的定压比热，4.1888kJ/(kg·℃)；N 为压缩机轴功率，kW；η 为电机效率（取 0.8）；U 为电压，V；I 为电流，A；q_1、q_1' 为换热器 1 分别在制冷和热泵模式下的热损失；q_2、q_2' 为换热器 2 分别在制冷和热泵模式下的热损失。

3. 分析讨论题

分析实验现象和结果、制冷量、功率、排气温度、回气温度、高压、低压、进出两器水温都是如何随着操作变量而变化的，并且要关注测量参数随时间的变化，比如开机期间，调整某个变量之后。另外分析影响各系数测定精度的因素。

第十二章 制冷压缩机

实验一 压缩机性能实验

一、实验目的

(1) 加深对制冷压缩机性能原理的了解。

(2) 学习制冷压缩机性能的测试方法。

(3) 通过对压缩机运行的实际操作，分析影响压缩机性能的因素。

二、实验原理

改变进入蒸发器的制冷剂工质的流量、冷凝器和蒸发器的水流量、进入蒸发器的水温，观察并记录压缩机的吸排气温度、吸排气压力、压缩机功率及过热温度等的变化，计算压缩机在各个工况下的制冷量、耗功、能效等参数，重点分析调节上述几个操作参数对制冷系统压缩机性能的影响。

三、实验设备

制冷压缩机性能实验装置（图 12-1-1），总体包括以下系统。

图 12-1-1 制冷压缩机性能实验装置

(1) 制冷循环系统本身（即蒸发器、冷凝器、滚动转子式制冷压缩机、储液罐、过滤器、手动节流阀）。

(2) 水系统。即与两器中制冷剂换热的水循环，注意观察该实验装置的特殊之处，经蒸发器换热降温后的水流入下方 1 号水箱中，通过 1 号水泵经 1 号转子流量计送入冷凝器中作为冷却水换热使用，经冷凝器换热升温的水又流入下方 2 号水箱中，再经 2 号水泵经 2 号转子流量计送入蒸发器中。

（3）测量系统。8 个温度测量点，进出蒸发器和冷凝器水温计 4 个，压缩机吸排气温度 2 个，手动节流阀前后各 1 个（可认为一个冷出温度，一个蒸进温度）；2 个压力测量点，压缩机吸气压力和排气压力。

四、实验步骤

（1）记录当天的气温、大气压力、实验装置上的压力表显示的静态压力数据、制冷剂、压缩机型号及类别。

（2）先打开压缩机吸、排气阀门。接通总电源开关，开启冷凝器及蒸发器供水阀门。

（3）启动压缩机开关，压缩机开始运转。此时，应注意压缩机主轴转向是否与机体标箭头一致，否则，长时间反向运转会使压缩机缺油，就会造成事故。压缩机启动时，出现不正常响声（如液击），应立即停机，过 30s 后再开启压缩机，这样反复一次、二次后压缩机即可正常运转。如果是机械故障，应停机排除后再重新启动，然后打开制冷剂供液截止阀。

（4）工况调节。

1）蒸发压力和吸气温度的调节（蒸发压力可以从吸气压力表上近似地反映出来，这是在不考虑蒸发器到压缩机吸气口这一段的压力降的基础上）。

a. 蒸发压力的调节：调节节流阀开度和与蒸发器侧转子流量计流量控制，记录制冷剂的流量、流经蒸发器换热的水流量引起的蒸发压力、吸气温度等其他参数的变化。

b. 吸气温度的调节：改变电加热器（位于热水槽中）功率，即改变进入蒸发器的水温，记录蒸发压力及过热温度等其他参数的变化。

2）冷凝压力的调节（冷凝压力可从排气压力表上近似地反映出来），增加或减少流经冷凝器换热的水流量，记录冷凝压力等参数的变化。

3）采用控制变量法，每调整一个操作参数，注意记录其他性能参数的变化过程数据，以便分析，建议每隔 2min 记录一次（调整后初期可以提高记录频率）。举例，将节流阀手动调大，那么每隔 2min 记录一组数据，直到稳定，（至少 10min 或者观察本次数据和上次记录数据较为接近），再调整操作参数。

（5）停机。关闭电加热器、压缩机开关电源，待 5min 后关闭冷凝器的供水阀门，最后切断电源。如长期不使用本实验装置，应关闭压缩机吸、排气阀。注意压缩机和水泵的先后启停顺序。

五、实验数据记录与分析讨论

将实验记录的数据结果加以整理分析，比如，将手动节流阀调大后，随着时间的推移，压缩机的吸气压力、排气压力、吸气温度、排气温度、进入蒸发器前（节流阀之后）制冷剂温度（简称蒸进温度）、进入节流阀之前（过滤器之后）制冷剂温度（简称冷出）、4 处（进出蒸发器冷凝器）水温等是如何变化的，用制冷原理解释为什么有这样的变化，如果出现不符合制冷原理的实验现象，分析造成的原因，并附上影响各参数测定精度的因素分析。

第十三章　供　热　工　程

实验一　散热器热工性能实验

一、实验目的

（1）通过实验了解散热器热工性能测定方法及低温水散热器热工实验装置。

（2）测定散热器的散热量，计算分析散热器的散热量与热媒流量和温差的关系。

（3）掌握有关仪表的正确使用方法。

（4）掌握测试方法和原理。

二、实验装置

散热器热工性能实验台。

本装置由两组不同规格型号的散热器、电加热水箱、控温测温仪表、流量计、热水泵、管路、阀门等组成。

三、实验原理

实验时，水箱内的冷水由电加热器加热，并将其温度用温控器控制在某一固定温度点，经循环水泵通过转子流量计注入散热器，散热器将一部分热量散入房间，降低温度后的回水流回水箱。在实验中应减少室内温度波动，在稳定的条件下测读所需的数值，并进行计算。

1. 散热器的散热量 Q

$$Q = GC_p(t_g - t_h) \times 0.2778 = GC_p \Delta t \times 0.2778 \qquad (13-1-1)$$

式中：G 为热媒流量，kg/h；C_p 为水的比热，kJ/(kg·℃)；t_g、t_h 为供、回水温度，℃。

2. 散热器的传热系数 K

$$K = \frac{Q}{A(t_{pj} - t_n)} \beta_1 \beta_2 \beta_3 \qquad (13-1-2)$$

式中：A 为散热器散热表面积，m²；t_{pj} 为散热器内热媒平均温度，$t_{pj} = \dfrac{t_g + t_h}{2}$，℃；$t_n$ 为室内温度，℃；β_1 为散热器组装片数修正系数，取 0.9～1；β_2 为散热器组装片数连接形式修正系数，本实验台取 1；β_3 为散热器组装片数安装形式修正系数，本实验台取 0.95。

四、实验步骤

（1）系统充水时，检查系统是否有漏水之处，注意充水的同时要排除系统内的空气。

（2）打开总开关，启动循环水泵，使水正常循环。

（3）将温控器调到热媒所需温度，打开电加热器开关，加热系统循环水。

（4）根据散热量的大小调节每个流量计入口处的阀门。使流量达到一个相对稳定的值，如不稳定则需找出原因，系统内有气应及时排除，否则实验结果不准确。

（5）系统稳定后，进行记录并开始测定。当确认散热器供、回水温度和流量基本稳定后，即可进行测定。散热器供回水温度 t_g 与 t_h 及室内温度 t 均采用铜-康铜热电偶配数字显示仪测量，流量用转子流量计测量。温度与流量均为每 10min 测读一次。

（6）改变工况进行实验。

1）改变供回水温度，保持水流量不变，测数据 3 组。

2）改变流量，保持散热器平均温度不变，即保持 $t_{pj}=\dfrac{t_g+t_h}{2}$ 恒定，测数据 3 组。

（7）实验测定完毕。

1）关闭电加热器开关。

2）停止运行循环水泵。

3）检查水电等有无异常现象，整理测试仪器。

五、实验数据及处理

在稳定状态下，流过散热器的水的放热量等于散热器传给试验小室的热量。可整理成式（13-1-3）和式（13-1-4）：

$$Q=A(t_{pj}-t_n)^B=A\Delta T^B \qquad (13-1-3)$$

$$K=a(t_{pj}-t_n)^b=a\Delta T^b \qquad (13-1-4)$$

式中：t_{pj} 为散热器内热媒的平均温度，℃；t_n 为室内代表点温度，℃；ΔT 为计算温差，$\Delta T=t_{pj}-t_n$，℃；A、B、a、b 为由实验数据整理得出的系数。

式中 K 由表记录的 t_g、t_h、G 根据公式算出。将实验数据填入表 13-1-1 中。

表 13-1-1　　　　散热量测试实验数据汇总表

实验时间	室内参考点温度/℃	散热器 1						散热器 2					
		进口水温 t_g/℃	出口水温 t_h/℃	流量 G/(kg/h)	t_{pj}/℃	计算温差 ΔT/℃	传热系数 K/[W/(m²·℃)]	进口水温 t_g/℃	出口水温 t_h/℃	流量 G/(kg/h)	t_{pj}/℃	计算温差 ΔT/℃	传热系数 K/[W/(m²·℃)]

实验时间	室内参考点温度/℃	散　热　器 1						散　热　器 2					
		进口水温 t_g/℃	出口水温 t_h/℃	流量 G/(kg/h)	t_{pj}/℃	计算温差 ΔT/℃	传热系数 K/[W/(m²·℃)]	进口水温 t_g/℃	出口水温 t_h/℃	流量 G/(kg/h)	t_{pj}/℃	计算温差 ΔT/℃	传热系数 K/[W/(m²·℃)]

以传热系数 K 为纵坐标，计算温差 ΔT 为横坐标，分别绘制出散热器 1 和散热器 2 的 K-ΔT 图，整理数据得出 a、b 的数值。确定出散热器 1 和散热器 2 的 $K = a\Delta T^b$。

实验二　供热管网水力工况测试

一、实验目的与任务
(1) 了解水力工况变化对管网的影响。
(2) 能绘制各种不同工况下的水压图。
(3) 锻炼实际动手能力。

二、实验原理
通过调节供水干管和各支管（代表用户）的阀门，使各用户阻力、流量相等，记录各点压力，画出管路水压图。

流体压降与流量的关系为

$$\Delta P = sq_v^2$$

并联管路流量分配关系：

$$q_{v1} : q_{v2} : q_{v3} = \frac{1}{\sqrt{s_1}} : \frac{1}{\sqrt{s_2}} : \frac{1}{\sqrt{s_3}}$$

水力失调度计算公式：

$$x = \frac{V_s}{V_g}$$

式中：V_s 为工况变化后的水量；V_g 为正常工况下的水量；q_{v1}、q_{v2}、q_{v3} 为用户1、用户2、用户3的体积流量；s_1、s_2、s_3 为用户1、用户2、用户3的阻力数。

三、实验设备与仪器
热网水力工况测试实验台，见图 13-2-1。

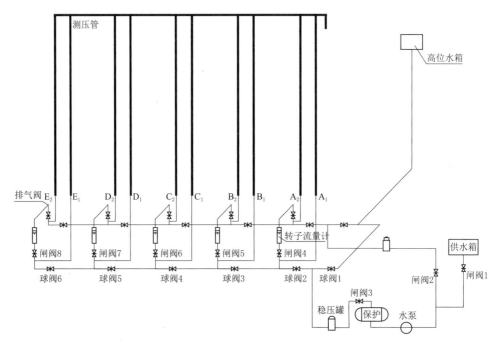

图 13-2-1 实验装置示意图

四、实验方法与步骤

（1）绘制正常工况水压图：实验开始，引自来水入供水箱，缓慢打开闸阀1和闸阀3，启动水泵，水由水泵经锅炉、稳压罐后，一部分进入供水干管、用户、回水管，另一部分进入高位水箱，待系统充水后，打开闸阀2的同时关闭闸阀1，保持水箱水位稳定，调节各阀门，以增加或减少管段的阻力，使各个节点之间有适当的压差，并使水压图接近正常工况水压图形，工况稳定后，记录各点的压力和流量，并以此绘制正常水压图。

（2）关小供水干管中球阀4后的水压图。将球阀4关小。记录各点压力、流量，绘制新水压图与正常的进行比较，并计算各用户的流量变化程度。

（3）关闭闸阀6后的水压图。将球阀4恢复原状，各点压力一般不会完全恢复到原来的读数。为了节省时间，不一定强求符合原来的正常水压图，可重新记录各点水头作为新的正常工况水压图。关闭闸阀6，记录新水压图各点的压力、流量。

（4）关小球阀2后的水压图。将闸阀6恢复原状，记录本次正常工况水压图的各点水压和流量。关小球阀2，记录新水压图各点的压力和流量。

（5）把球阀2恢复原来位置，关闭球阀1，打高位水箱与回水管连接的阀门，观察网路各点的压力变化情况，即回水定压。

实验完毕，停止水泵运行，切断电源，将实验装置中的水泄放。

五、实验数据记录及数据处理分析

将数据记入表13-2-1中。

1. 球阀4关小工况

（1）实验测试数据见表13-2-1。

表 13 - 2 - 1　　　　　　　　　　　　球阀 4 关小前后数据

工　况		水　压/mmH$_2$O					备　注
		A$_1$	B$_1$	C$_1$	D$_1$	E$_1$	
		A$_2$	B$_2$	C$_2$	D$_2$	E$_2$	
1	正常						
	关小球阀 4						
	流量 正常						
	流量 变压后						
	水力失调度 x						

(2) 画出实验前理论分析的水压图及实验后绘制的水压图。

(3) 比较结果,分析原因及相应实验结果的评价。

2. 闸阀 6 关闭工况

(1) 实验测试数据见表 13 - 2 - 2。

表 13 - 2 - 2　　　　　　　　　　　　闸阀 6 关闭前后数据

工　况		水　压/mmH$_2$O					备　注
		A$_1$	B$_1$	C$_1$	D$_1$	E$_1$	
		A$_2$	B$_2$	C$_2$	D$_2$	E$_2$	
2	正常						
	关闭闸阀 6						
	流量 正常						
	流量 变压后						
	水力失调度 x						

(2) 画出实验前理论分析的水压图及实验后绘制的水压图。

(3) 比较结果,分析原因及相应实验结果的评价。

3. 球阀 2 关小工况

(1) 实验测试数据见表 13 - 2 - 3。

(2) 画出实验前理论分析的水压图及实验后绘制的水压图。

(3) 比较结果,分析原因及相应实验结果的评价。

六、实验注意事项

(1) 必须排除空气。实践证明,初调节时不必等待空气百分之百地排出以后进行。少量残余空气有可能在初调节过程中被带走,但在正式进行细调节以前,必须证实全部空气泡已被清除。

表 13－2－3   **球阀 2 关小前后数据**

工 况			水 压/mmH$_2$O					备 注
			A_1	B_1	C_1	D_1	E_1	
			A_2	B_2	C_2	D_2	E_2	
3	正常							
	关小球阀 2							
	流量	正常						
		变压后						
	水力失调度 x							

（2）系统阻力改变后，流量将有变化，必要时可适当调节供水阀。

（3）为了避免水流"短路"，须将各用户阀门关得很小，否则末端几个测压点几乎没有什么明显的压差；不把阀门关得太小，以便在做工况测试时能使新水压图与正常水压图有明显的差别。

第十四章 空 调 工 程

实验一 空气处理及状态参数变化测定实验

一、实验目的

(1) 了解对空气进行加热、加湿、冷却降温和除湿的处理过程。

(2) 了解空气状态参数的测量方法及相应参数的查取方法。

(3) 掌握对空气温度、湿度进行测量及调节控制的方法。

二、实验装置

实验装置为空气循环演示仪。

三、实验原理

为了满足空调房间送风温湿度的要求,在空调系统中必须有相应的热湿处理设备,以便能对空气进行各种热湿处理,达到所要求的送风状态。本实验装置设置有空气预热器、再热器(均为电热器),可对空气进行加热升温;由制冷系统制得冷冻水,通过喷水室,可对空气进行降温、加湿及除湿处理。所有的进口、出口及中间状态点的干、湿球温度都由测温热电偶来测量,用电子式温度数字仪显示。

四、实验步骤

(1) 将测温热电偶的冷端测头放入冰瓶内,即保持热电偶冷端温度恒定为0℃。调整微压计为水平状态,用蒸馏水加入湿球温度计下的水杯内,蒸发器水箱加满水。

(2) 合上电气总开关,接通电源,此时风机运转,调节风机风量调节阀控制所需风量。

(3) 开启空气循环演示仪将空气从常态进行干加热,待状态稳定后进行进、出口气体的干湿球温度测定。

(4) 开启制冷机将蒸发器的水冷却成实验所需的温度,用表冷器将空气从常态进行减湿冷却。待状态稳定后进行进、出口气体的干湿球温度测定。

(5) 开启制冷机将蒸发器的水冷却成实验所需的温度,用冷冻水将空气从常态进行喷淋冷却。待状态稳定后进行进、出口气体的干湿球温度测定。

(6) 开启蒸汽发生器将空气从常态进行加湿。将蒸发器的水冷却成实验所需的温度。

五、实验要求

利用测定的各种状态参数在焓湿图上查出相应的焓值 i、相对湿度 Φ、含湿量 d、湿球温度 t_s,并绘出 i-d 示意图,写出各过程所采用的设备。

六、实验分析与结论

通过空气处理过程在焓湿图上的绘制及相应数据的计算,应大致可以看出不同空气处理过程对湿空气温度、含湿量、绝对湿度、相对湿度、焓值等的影响。用图和数据分析说明。

七、注意事项

（1）两次空气处理过程测试间需关闭空气处理设备，保持风机运行 5～10min，以便加热、喷淋、加湿等设备冷却、干燥，避免对下次实验数据的干扰。

（2）测量应在空气处理过程基本稳定后进行。

（3）实验结束后关闭空气处理设备，保持风机运行 5～10min，才能关闭空气循环演示仪。

八、思考题

（1）分析实验过程会引入哪些误差？其有何影响？并提出可能的改善方法。

（2）查取甘肃兰州地区的夏季空调设计日气象参数，为该地区一养殖中心设计一简易节能的空气处理过程，并说明理由。

第十五章 制冷装置设计

实验一 一机二库性能实验

一、实验目的

通过本实验的学习和训练，使学生了解并熟悉典型制冷装置的制冷系统、总体结构与运行特性；掌握单台制冷机组如何给两个不同温度要求的冷间提供冷量和蒸发压力调节阀的构造、设置、调节原理，培养设计控制系统的技能，为冷库设计与调控方面奠定基础。

（1）熟悉认识一机二库制冷系统压缩机及蒸发器、冷凝器等设备的构造和工作特点、系统组成原则。

（2）演示一个机组如何向两个不同温度要求的库房供液。

（3）熟悉蒸发压力调节阀的构造、设置、调节原理。

二、实验原理

一机二库制冷装置是由一台制冷压缩冷凝机组同时向两个不同蒸发温度的冷间供应冷量，例如高温冷间的蒸发温度为$+5$℃左右，低温冷间的蒸发温度为-15℃左右。当不同蒸发温度的蒸发器共用一根回气管路时，每个蒸发器的制冷剂蒸发压力各不相同，而压缩机的吸气压力是与蒸发温度最低的冷间蒸发器的蒸发压力保持一致。在制冷系统运行时，为了维持每一冷间所必需的蒸发温度（蒸发压力），在蒸发温度较高的蒸发器出口管路上设置蒸发压力调节阀 KVP（即背压阀），从而保证高温冷间的蒸发器内维持所需的蒸发压力（蒸发温度）。本实验装置在高温冷间的蒸发器出口管路上安装了蒸气压力调节阀，使阀前的压力保持在调定的范围内，经阀节流后的压力与吸气压力保持一致。

另外，由于高、低温冷间的蒸发器共用同一根回气管路，当制冷压缩机停机时，各蒸发器的压力很快平衡。这样就有可能使高温冷间蒸发器中的制冷剂气体流到低温冷间的蒸发器中去冷凝，而当压缩机再次启动时就会造成液击事故。因此，为防止液击事故的发生，本实验装置在低温冷间的蒸发器出口管路上安装了单向阀。本系统使用的工质 R12 充灌重量约 2kg。制冷循环压-焓图如图 15-1-1 所示。

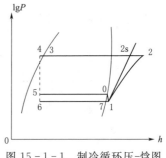

图 15-1-1　制冷循环压-焓图

三、实验装置仪器和用具

一机二库制冷装置实验系统如图 15-1-2 所示，其电气控制原理图见图 15-1-3。

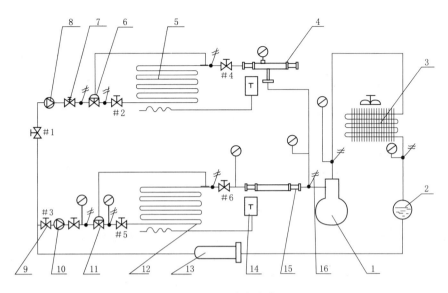

图 15-1-2 一机二库制冷装置原理图

1—制冷压缩机；2—储液器；3—冷凝器；4—蒸发压力调节阀；5—高温蒸发器；6—高温冷间膨胀阀；

7—电磁阀；8—流量计；9—手阀；10—低温流量计；11—低温冷间热力膨胀阀；12—低温蒸发器；

13—干燥过滤器；14—数显温控仪；15—单向阀；16—温度计

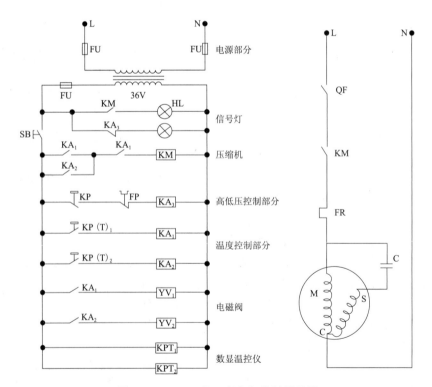

图 15-1-3 一机二库电气控制原理图

四、实验步骤

（1）实验温度的调节：将数字温度显示的选择开关拨至中间位置，显示器指示被测点的实际温度；将开关拨至左边，则指示上限设定温度。调节上限温度电位器，可改变上限温度设定值；将开关拨至右边，则指示下限设定温度，调节下限温度电位器，可改变下限设定值。为保证温度控制器的正常，下限温度设定值必须低于上限温度设定值。

（2）调节上下限值后，必须将锁紧螺帽拧紧。

（3）正式运转，合上电源，合上带锁按钮，机组开始运行，逐一打开高低温库的手阀。

（4）观察高低压压力表的变化情况，如高压压力表的读数开始上升，低压压力表的读数同时下降，说明系统工作正常。

（5）系统正常工作后，可以按照要求选择关闭6只手阀，模拟系统的各种故障形式。

（6）当高温库或低温库温度达到预定值时，该库的电磁阀失电关闭。并记录此时的温度。当两库均达到预定值时，压缩机停止，系统处于待命状态。

（7）制冷量测量，保持冷间温度不变，加载置于冷间内的空气加热器，记录所用电流、电压，计算其功率消耗。

（8）过热度调节，保持制冷装置稳定运行，调节热力膨胀阀静态过热度的大小，观察蒸发器制冷量的变化趋势。

五、实验数据与整理

（1）测试点位置参数见表15-1-1、表15-1-2。

表15-1-1　　测试点位置参数

序号	测点位置	压力/MPa	温度/℃	备注
1	压缩机吸入口			
2	压缩机排气口			
3	蒸发压力调节阀			
4	单向阀阀前			
5	高温膨胀阀出口			
6	高温膨胀阀进口			
7	低温膨胀阀出口			
8	低温膨胀阀进口			
9	冷凝器出口			

表15-1-2　　测量参数

序号	测量参数	测量值1	测量值2	测量值3
1	高温蒸发器库温/℃			
2	高温冷间制冷剂流量/(m³/s)			
3	低温蒸发器库温/℃			

序号	测 量 参 数		测量值1	测量值2	测量值3
4	高温冷间制冷剂流量/(m³/s)				
5	压缩机输入功率测量	电流/A			
		电压/V			
6	空气加热器	电流/A			
		电压/V			

（2）一机二库制冷系统过热度设置及运行效果。热力膨胀阀的过热度调节，旋下密封螺帽，顺时针旋转调节杆，可增加静态过热度，逆时针旋转为减小静态过热度。一旦停止旋转，系统因为温包温度的反馈作用，而维持在一定范围内的过热度。

通过热度的调节，观察静态过热度的大小对蒸发器的制冷量的影响程度，从而确定热力膨胀阀静态过热度与蒸发器的最佳匹配点，使蒸发器的利用率最高，制取的制冷量最大。

（3）制冷量的计算方法。制冷循环压-焓图 15－1－1 中各状态点数值汇总于表 15－1－3。

表 15－1－3　　　　　　　　　　查 $\lg p - h$ 图各状态点数值

点	压力/MPa	温度/℃	比焓/(kJ/kg)	比容/(m³/kg)	备注
0					
1					
2					
3					
4					
5					
6					
7					

注　计算查图（表）时，压力值要用绝对压力。

1）根据实测制冷剂流量与蒸发器进、出口的比焓值计算制冷量：

$$Q_{0G} = q_{mG}(h_0 - h_5) \tag{15-1-1}$$

式中：Q_{0G} 为高温蒸发器的制冷量，kW；q_{mG} 为高温冷间的制冷剂流量，kg/s；h_0 为高温冷间蒸发器出口的制冷剂比焓值，kJ/kg；h_5 为高温冷间蒸发器进口的制冷剂比焓值，kJ/kg。

$$Q_{0D} = q_{mD}(h_7 - h_6) \tag{15-1-2}$$

式中：Q_{0D} 为低温蒸发器的制冷量，kW；q_{mD} 为低温冷间的制冷剂流量，kg/s；h_7 为低温冷间蒸发器出口的制冷剂比焓值，kJ/kg；h_6 为低温冷间蒸发器进口的制冷剂比焓值，kJ/kg。

$$Q_0 = Q_{0G} + Q_{0D} \qquad (15-1-3)$$

式中：Q_0 为总制冷量，kW。

2）根据实测制冷压缩机的输入功率计算制冷量：

$$Q_0 = \sqrt{3}\,I_y V_y \cos\phi \qquad (15-1-4)$$

式中：I_y 为压缩机的电流，A；V_y 为压缩机的电压，V；$\cos\phi$ 为电机的功率因数。

$$\cos\phi = P_E/(I_e V_e) \qquad (15-1-5)$$

式中：P_E 为全封闭制冷压缩机的额定功率，kW；I_e 为全封闭制冷压缩机的电流，A；V_e 为全封闭制冷压缩机的电压，V。

3）根据实测空气加热器的功率计算制冷量：

$$Q_0 = Q_k = \frac{I_k V_k}{1000} \qquad (15-1-6)$$

式中：Q_k 为空气加热器的加热量，kW；I_k 为空气加热器的电流，A；V_k 为空气加热器的电压，V。

（4）制冷压缩机输入功率的计算方法：

$$P = \sqrt{3}\,I_y V_y \qquad (15-1-7)$$

式中：P 为制冷压缩机的输入功率，kW；I_y 为制冷压缩机的电流，A；V_y 为制冷压缩机的电压，V。

（5）一机二库的能效比：

$$EER = \frac{Q_0}{P} \qquad (15-1-8)$$

实验数据计算结果汇总于表 15-1-4 中。

表 15-1-4　　　　实 验 计 算 结 果

序号	项　目		计 算 公 式	单位	计算结果	备注
1	高温冷间制冷量	制冷剂侧				
		空气侧				
2	低温冷间制冷量	制冷剂侧				
		空气侧				
3	压缩机输入功率					
4	能效比					

六、注意事项及其他说明

（1）压缩机在运行时观察排气压力是否在正常的 0.8～1.0MPa 范围内。

（2）压缩机不能频繁开停，每次间隔大约 3min，否则损坏压缩机。

（3）每次实验结束后先关吸气端手阀，再关排气端手阀，以防意外泄漏，开机时再打开 6 只手阀。

七、思考题

（1）绘制一机二库制冷系统流程图并标注压力、温度传感器布置点的位置，蒸发器、冷凝器、热力膨胀阀等型号，绘制系统运行的压-焓图。

（2）说明蒸发温度调节阀（背压阀）的作用与调节原理。

（3）简述该一机二库制冷系统所选用主要设备的结构特点和运行要求。

（4）在一机二库系统中，如何协调好高温库的背压阀和热力膨胀阀的关系，在调试的时候如何调试？比如，高温库温度压力过高，究竟是调膨胀阀还是背压阀？

第十六章 制冷装置自动化

实验一 空调系统故障实验

一、实验目的
(1) 了解制冷空调系统的常见故障类型。
(2) 了解制冷空调系统在不同故障情形下的温度压力异常情况。
(3) 熟悉不同异常温度压力情形下对应的制冷空调系统可能的故障原因。

二、实验装置
实验装置为制冷制热实验台。

三、实验原理
制冷空调系统在使用过程中会出现各种故障,在不同的故障情形下四大部件前后的温度压力等参数会偏离正常值有不同的变化,利用温度压力等参数的异常可以分析判断具体的故障情形,从而迅速找到解决方案,恢复系统的正常运行。所有的进口、出口及中间状态点的温度都由测温热电偶来测量,用电子式温度数字仪显示。

四、实验步骤
(1) 开启空调系统,设置合适的空调模式及温度,空调系统正常运行情况下测量压缩机、冷凝器、蒸发器、节流机构前后的温度值;测量压缩机吸气口、排气口压力。

(2) 调节节流机构前调节阀的开度,模拟空调系统脏堵故障,测试压缩机、冷凝器、蒸发器、节流机构前后的温度值;测量压缩机吸气口、排气口压力。

(3) 恢复调节阀正常开度,关闭冷凝器风机开关,模拟空调系统冷凝器风机故障情形,测试压缩机、冷凝器、蒸发器、节流机构前后的温度值;测量压缩机吸气口、排气口压力。

(4) 恢复冷凝器风机开关,关闭蒸发器风机开关,模拟空调系统蒸发器风机故障情形,测试压缩机、冷凝器、蒸发器、节流机构前后的温度值;测量压缩机吸气口、排气口压力,见表 16-1-1。

表 16-1-1　　　　　　　　　　温度压力记录表

序号	运行模式	部位	温度/℃		压力/Pa	备注
1	空调模式	吸气侧		吸气侧		
		排气侧				
		冷凝器		排气侧		
		蒸发器				

续表

序号	运行模式	部位	温　度/℃		压力/Pa	备注
2	脏堵故障	吸气侧		吸气侧		
		排气侧				
		冷凝器		排气侧		
		蒸发器				
3	冷凝器风扇故障	吸气侧		吸气侧		
		排气侧				
		冷凝器		排气侧		
		蒸发器				
4	蒸发器风扇故障	吸气侧				
		排气侧				
		冷凝器				
		蒸发器				

五、实验分析与结论

利用测定的各种温度压力参数，比较分析正常运行情形下以及不同故障情形下温度压力发生异常的原因。

六、注意事项

模拟脏堵实验的测试过程不能过长，每两次测试之间应停机 5min 以上。

七、思考题

试着推断制冷空调系统在制冷剂充注量过多、冰堵、制冷剂泄漏、不凝性气体过多等情形下的参数异常情况。

第十七章 汽车发动机原理

实验一 内燃机机械效率的测定

一、实验目的

（1）正确掌握单缸熄火法、示功图法测定内燃机机械效率的方法，熟悉进行实验时所需要的仪器设备。

（2）通过计算，求得被测内燃机的机械效率 η_m，并比较各种测定方法的优缺点及适用场合。

二、机械效率的概念

内燃机工作时，内燃机的机械效率是指有效功率 P_e 与指示功率 P_i 之比值，即可表示为

$$\eta_m = \frac{P_e}{P_i} = \frac{P_i - P_m}{P_i} = 1 - \frac{P_m}{P_i} \qquad (17-1-1)$$

式中：η_m 为机械效率；P_i 为指示功率，kW；P_e 为有效功率，kW；P_m 为机械损失功率，kW。

目前内燃机的机械效率 η_m 的大致范围是：汽油机的 $\eta_m = 0.7 \sim 0.9$，柴油机的 $\eta_m = 0.7 \sim 0.85$。

机械损失包括内燃机驱动附件的损失，因此测定机械效率时须装有本身正常使用时必需的所有附件。

三、机械效率的测定方法

常用的机械效率测定方法有倒拖法、示功图法、油耗线法、单缸熄火法 4 种。

1. 倒拖法

有的电力测功机既可作发电机运行，又可作电动机运行。当内燃机在某一转速下运行并使冷却水、机油温度达到规定数值时，若内燃机拖动电力测功机，使其作为发电机运行，这时通过电力测功机可测定内燃机的有效功率 P_e。然后停止对内燃机的供油或停止点火，使电力测功机作为电机运转，并以同样的转速倒拖内燃机，维持内燃机的冷却水温度及机油温度不变，这时电力测功机所测得的倒拖功率即为内燃机在该工况下的机械损失功率。

所得机械效率为

$$\eta_m = \frac{P_e}{P_e + P_m} \qquad (17-1-2)$$

式中：P_e 为电力测功机所测得发动机的有效功率，kW；P_m 为电力测功机倒拖发动机时所测得的倒拖功率，kW。

依同样的方法可求出不同转速下的机械效率。

倒拖法方便简单、迅速。但不适合增压发动机，同时在测定柴油机机械损失功率时，所测之值大于柴油机实际机械损失功率值。因此，要从所测得的柴油机机械损失功率中再减去 $0.014\sim0.35$kg/MPa 缸内平均有效压力所对应的功率值。对于直接喷射式，空气涡流较弱的柴油机取下限，对分隔式燃烧室压缩比较高，充量涡流较强的柴油机取上限。对汽油机所测定 P_m 值与实际值相差不大，因而可不修正。

2. 示功图法

由示功图求出平均指示压力 P_i，根据测功机测得内燃机的有效功率 P_e，并由 P_e 可计算出平均有效压力 P_e，则可按下式求出机械效率。

$$\eta_m = \frac{P_e}{P_i} \qquad\qquad (17-1-3)$$

由示功图法测定机械效率时，可能存在较大的误差，但对增压发动机只可用此方法测定机械效率。

3. 油耗线法（或称负荷特性法）

当柴油机转速不变，而负荷改变时，只要改变供油量，这时机械损失功率与指示热效率变化很小。

进行柴油机负荷特性实验时，绘出以小时耗油量 G_b 为纵坐标、以功率 P 为横坐标的特性曲线，样例见图 17-1-1。

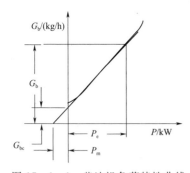

图 17-1-1　柴油机负荷特性曲线

顺着曲线中的直线部分延长直至与横坐标相交。按 P_e 比例交点到坐标原点的距离就是机械摩擦损失功率 P_m，于是按式（17-1-2）可以求出机械功率。

用油耗线法测定机械效率是在做柴油机负荷特性实验时进行测定的。

油耗线法只适合于柴油机，并且在部分负荷（50% 全负荷）比较接近实际。在高负荷或低负荷时，由于混合气体过浓或过稀而燃烧不好，测量结果误差较大。

4. 单缸熄火法

单缸熄火法只适用于非增压多缸内燃机，使用这种方法时，使发动机节气门（或油门控制阀）全开，测定发动机在某一转速下的有效功率 P_e，然后依次使一缸点火（或不喷油），在同样的转速下，测定其他各缸的有效率 P_{e1}，P_{e2}，…，P_{ei}，则机械损失功率为

$$P_m = (i-1)P_e - (P_{e1} + P_{e2} + \cdots + P_{ei}) \qquad\qquad (17-1-4)$$

$$\eta_m = \frac{P_e}{P_e + P_m}$$

式中：i 为发动机气缸数；P_e 为发动机的有效功率；P_{e1}，P_{e2}，…，P_{ei} 分别为第一缸、第二缸、…、第 i 缸单缸熄火时所测得的发动机有效功率。

四、实验步骤

本实验对于小型风冷柴油机采用油耗线法，对于多缸发动机则采用单缸熄火法。

（1）打开电源水源开关，起动柴油机逐步将转速升高至标定转速（2600r/min），并使之稳定运转，预热发动机，使机油温度到50℃。

（2）分别将柴油机（175F 柴油机：功率 3.3kW，转速 2600r/min）的扭矩调至2N·m、4N·m、6N·m、8N·m、10N·m、12N·m、14N·m 等不同的工况逐步增加负荷，在实验中每调节一次负荷，应同时改变调速手柄的位置，使发动机转速保持不变。

（3）在每一个工况下，分别测出发动机转速 n（r/min）、扭矩 M_e（N·m）、功率 P_e（kW）、燃油消耗率 g_e[g/(kW·h)]、燃油消耗量 G_t（kg/h）、机油温度 T_m（℃）、排气温度 T_r（℃）等各项参数。

（4）实验结束后使柴油机怠速运转10min，然后停机。

（5）关闭仪器电源开关及水源开关。

（6）实验完毕，整理实验数据、清理实验室卫生。

五、实验报告

实验报告包含以下内容。

（1）实验目的。

（2）实验仪器。

（3）简述实验过程。

（4）根据实验数据计算出机械效率。

六、实验时注意事项

（1）实验时发动机起动前应注意各连接件的紧固，联轴器法兰盘应用防护罩盖住。

（2）发动机未达到规定的热状态前，严禁加负荷。

（3）实验数据记录到表 17-1-1 中。

表 17-1-1　　　　　　　　　　实 验 数 据 记 录 表 格

工　况		参　　数						
		发动机转速 n/(r/min)	有效功率 P_e/kW	扭矩 M_e/(N·m)	燃油消耗率 g_e/[g/(kW·h)]	燃油消耗量 G_t/(kg/h)	机油温度 T_m/℃	排气温度 T_r/℃
2N·m	1							
	2							
	3							
4N·m	1							
	2							
	3							
6N·m	1							
	2							
	3							

工 况		参 数						
		发动机转速 $n/(\text{r/min})$	有效功率 P_e/kW	扭矩 $M_e/(\text{N}\cdot\text{m})$	燃油消耗率 $g_e/[\text{g/} (\text{kW}\cdot\text{h})]$	燃油消耗量 $G_t/(\text{kg/h})$	机油温度 $T_m/℃$	排气温度 $T_r/℃$
8N·m	1							
	2							
	3							
10N·m	1							
	2							
	3							
12N·m	1							
	2							
	3							
14N·m	1							
	2							
	3							

实验二 内燃机充量系数的测定实验

一、实验目的

(1) 掌握内燃机充量系数的测定方法。

(2) 熟悉本实验所用的仪器,掌握各仪器的使用方法。

二、充量系数

把内燃机工作时每循环吸入气缸的空气量换算成进口状态(P_s,T_s)的体积 V_1,其值一般要比活塞排量 V_h 小,二者的比值定义为充量系数(充气效率)η_V,即

$$\eta_V = \frac{m_1}{m_{sh}} = \frac{M_1}{M_{sh}} = \frac{V_1}{V_h} \qquad (17-2-1)$$

式中:m_1、M_1、V_1 为实际进入气缸的新鲜空气的质量、千摩尔值、在进口状态(P_s,T_s)下所占有的体积;m_{sh}、M_{sh}、V_h 为在进气管状态下能充满气缸工作容积的空气质量、千摩尔值、气缸工作容积。

充气效率是表征内燃机实际换气过程完善程度的一个极为重要的参数。

随着柴油机不断地向高转速化发展,换气过程进行的时间大大缩短,气流速度明显增大,产生气流速度所需的压力差与流动阻力损失都随之增大,从而导致充量系数下降与换气过程损失明显增大。

三、实验仪器

实验仪器为 GW10 电涡流测功机台架、H14 柴油机、LCQ－70 气体层流流量计、DP1000 数字微压计、精密温度计、HM3 电动通风干湿表、大气压力计。

四、实验步骤

（1）打开各仪器电源开关、测功机水源开关，起动发动机并预热，使其达到规定的热状态。

（2）将发动机转速调至 1200r/min，待发动机工作稳定后，依次测出环境温度 t_1、环境湿度 Φ、层流流量计空气入口处温度 t_2、倾斜式微压计的读数 ΔP 及大气压力 P_0。逐步增加发动机转速，分别测出 1400r/min、1600r/min、1800r/min、2000r/min、2200r/min、2400r/min、2600r/min，2800r/min 各转速下的各实验参数，实验时发动机始终空载（测功机卸下全部负荷）。

（3）首先逐渐卸去负载，再把转速调低，最后怠速运转发动机一段时间后停止发动机。

（4）关掉各仪器电源开关，关掉水源。

（5）整理实验数据，清理实验室卫生。

五、数据处理

（1）发动机的标准体积流量 Q_b 计算如下：

$$Q_b = \left(\frac{P}{P_b}\right)\left(\frac{T_b}{T}\right)\left(\frac{\eta_b}{\eta}\right)K_Q\Delta P \qquad (17-2-2)$$

$$T = (273 + t_2)$$

式中：K_Q 为对应于体积流量的仪表常数，$K_Q = 0.7657$ [m³/(h·mm H₂O)]；P 为测试时层流元件下游的绝对压力，mmHg；P_b 为标准状态时的绝对压力，760mmHg；T_b 为标准状态时的绝对温度，293.0K；T 为测试时层流流量计空气入口处的绝对温度，K；t_2 为测试时层流流量计空气入口处的温度，K；η 为测试时的空气动力黏度，取 $\eta = (1.75 + 0.005 + t_2) \times 10^6$ kgf·s/m²；η_b 为标准状态时的空气动力黏度，取 $\eta_b = 1.85 \times 10^6$ kgf·s/m²；ΔP 为层流流量计上下游的压力差值。

（2）发动机实际体积流量 Q_a：

$$Q_a = \left(\frac{\eta_b}{\eta}\right)K_Q\Delta p = KK_Q\Delta p \qquad (17-2-3)$$

式中：K 为空气黏性修正系数（以流量计 20℃时的空气动力黏度的基准），可根据测试时的温度从表 17－2－1 中查到。

（3）发动机理论重量流量 G_0：

$$G_0 = \frac{pV_h}{RT} \times \frac{n}{2 \times 60} \qquad (17-2-4)$$

式中：p 为标准状态绝对大气压，$p = 1013.25$mbar；V_h 为气缸大气压容积，H14 柴油机的 $V_h = 0.694$L；R 为空气的气体常数，$R = 29.27$kg·m/(kg·℃)；n 为发动机转速，r/min。

表 17-2-1 部分温度下的黏性修正系数值

$t/℃$	K	$t/℃$	K	$t/℃$	K
7	1.036	18	1.005	29	0.976
8	1.033	19	1.003	30	0.973
9	1.030	20	1.000	31	0.971
10	1.027	21	0.997	32	0.968
11	1.024	22	0.994	33	0.966
12	1.022	23	0.991	34	0.963
13	1.019	24	0.989	35	0.961
14	1.016	25	0.986	36	0.958
15	1.013	26	0.984	37	0.956
16	1.011	27	0.981	38	0.953
17	1.008	28	0.978	39	0.951

六、实验报告

实验报告包括以下内容。

(1) 实验目的。

(2) 实验仪器。

(3) 实验过程。

(4) 根据实验数据求出空气充量系数 η_V。

七、注意事项

(1) 实验时层流流量计空气入口处不能站人。

(2) 实验过程中发动机高速运转时防止飞车。

实验三 风冷发动机冷却系统实验

一、实验目的

风冷发动机的冷却风扇直接影响到柴油机热负荷的高低和其动力性、经济性、可靠性与耐久性的好坏,以及外形尺寸的大小。必须研制出满足柴油机散热所需风量、风压要求的高效率、低噪声、小尺寸的冷却风扇。同时,匹配恰到好处的导风罩,以实现冷却空气导流与散热的最佳化,使柴油机处于最佳热状态下工作。

二、实验条件

按照 GB 1236—85《通风机空气动力性能试验方法》中的规定,风筒设计有进气法、出气法和进出气法三种装置方案,根据被测风扇应尽量接近实际工作情况和保证准确地测定风扇性能参数的原则来确定风筒布置方案。《流体力学》中讲到:只有当风筒中的气流呈平直流时，才能在风筒中的横截面上获得均匀的静压分布和气流方向与风筒轴线方向一致。通过流线观察表明，采用进气法方法实验时，风筒中的流线基本上都是互相平行的，且气流方向与风筒横截面垂直，而且多次实验均表明采用进气法进行测量的全压也较准确地等于其动压与静压之和。但采用出气法实验时情况则不同，不同的风扇几乎都在风筒中产生不同程度的气流旋转与扰动，即使经过整流栅的整流，也难以消除旋转与扰动的影响。

为保证各次对比试验具有一致的热状态与相同的润滑条件，以控制每次实验时能准确地测出风扇所消耗的功率值，在风扇传动轴承座上装上温度传感器，以便每次试验控制在相同的温度条件下进行。同时通过专门的润滑装置严格控制轴承润滑的压力、速度，以保证每次对比实验时都具有相同的润滑条件，从而保证了测试数据的准确性。

三、实验仪器设备

本实验在 FC2000 倒拖试验台架上，按照 GB 1236—85《通风机空气动力性能试验方法》自行设计制造的风筒试验台（图 17-3-1）上进行的。驱动装置采用三相变频电机，配上变频器，计算机通过 CAN 总线通信卡和 RS485/232 转换卡与变频器进行通信，控制变频电机转速在 $0 \sim 6000 \mathrm{r/min}$ 范围内任意调整，转速波动不超过 $\pm 5\mathrm{r/min}$，变频电机通过联轴器与转矩转速传感器相联后通过联轴器驱动柴油机风扇工作，实验时压力、温度、扭矩、转速等各测试参数由传感器转换成电信号后送入计算机进行数据自动采集与处理。

本实验采用进气法进行试验，实验时柴油机不装气缸，气缸盖等与导风阻力有关的零部件，装上风扇与导风罩是为了保证导风罩与集流罩连接处具有良好的密封性，除在二者之间装上橡胶密封圈外，还在其中涂布黄油以提高密封效果。

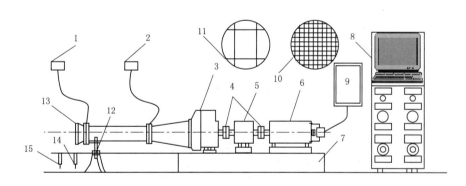

图 17-3-1　计算机数据采集的风扇试验台架

1—动压传感器；2—静压传感器；3—柴油机；4—联轴器；5—JC 型转矩转速传感器；6—三相变频电机；
7—机座；8—FC2000 发动机测控终端；9—三相变频器；10—可变截面节流栅；11—整流栅；
12—支架；13—风筒；14—大气压力传感器；15—大气温度传感器

四、试验步骤

（1）由实验指导老师介绍 FC2000 倒拖试验测控系统的功能，熟悉 FC2000 倒拖试验测控系统操作。

（2）接通 FC2000 倒拖试验测控系统电源开关，打开变频器电源开关，接通变频电机冷却风扇，启动控制计算机，进入风扇实验测试界面。

（3）给定变频电机一初始转速值（1000r/min），启动变频电机拖动试验台架运行，逐步升高变频电机转速至台架测试转速。

（4）监测风扇传动轴承座温度，当轴承座温度稳定后，测试风扇在 1500r/min、2000r/min、2500r/min、3000r/min、3600r/min 五种转速下，分别用节流器（使风筒导风面积处于 0m² 全闭、0.0051283m²、0.0012831m²、0.0019249 m²、0.0025566m²、0.004491 m² 及 0.007693785m² 全开）改变风扇流量与压力。分别测量在各种转速下，进气端风筒静压绝对值 p_{stj}(Pa)、进气风筒静压绝对值 p_{st1}(Pa)、变频电机输出功率 P_i、不带风扇时变频电机输出功率 P 和当场大气状态参数。

（5）实验测试完毕后，将变频电机转速降至1000r/min，怠速运转一段时间，由计算机输出测试数据表，待变频电机冷却后退出风扇实验测试界面，关闭控制计算机，切断各仪器电源开关。

（6）实验完毕，进行数据处理。

五、数据处理

当测试了有关参数后，便可按下列公式计算出各种性能参数值。

（1）流量 Q。当风筒进气管截面积为 A_1(m²)，流量系数 φ 受集流器形状及表面粗糙度的影响时，风扇进口流量为

$$Q = A_1\varphi\,(2\,|\,p_{stj}\,|\,/\rho_1)^{1/2} \tag{17-3-1}$$

实际上气流由风筒进口端到风扇进口处，要经历一个压力降低的温度膨胀过程，则空气密度是逐渐减少的，依据连续性方程有：

$$Q_b = (\rho_0/\rho_1)A\varphi(2\,|\,p_{st1}\,|\rho_0)^{1/2} = A_1\varphi(2\rho_0\,|\,p_{stj}\,|)^{1/2}/\rho_1 \tag{17-3-2}$$

当进气风筒静压绝对值 $|\,p_{stj}\,| \leqslant 980$Pa 时，$\rho_1 \approx \rho_0$，则

$$Q = 1.414A_1\varphi(|\,p_{stj}\,|/\rho_0)^{1/2} \quad 或 \quad Q = 3600\times1.414A_1\varphi(|\,p_{stj}\,|/\rho_0)^{1/2}$$

式中：ρ_0 为环境大气密度，kg/m³；ρ_1 为风扇进口处空气密度，kg/m³；A_1 为风筒进气管截面面积，$A_1 = 0.0076938$m³；φ 为流量系数，对于锥形集流器，$\varphi = 0.98$。

故
$$Q = 38.3812(|\,p_{stj}\,|/\rho_0)^{1/2}$$

按国家标准 GB 1236—85 进气状态空气温度 $T_A = 293$K，空气压力 $p_0 = 101300$N/m²，相对湿度 $\psi = 50\%$，空气密度 $\rho_1 = 1.2$kg/m³，空气密度随压力的变化关系按下式计算：

$$\rho_0 = 1.2(293/T_A)(p_0/101300)$$

（2）静压 p_{st}：

$$p_{st} = |\,p_{st1}\,| - 0.85\varphi^2\,|\,p_{stj}\,|$$

因为 $\varphi = 0.98$　故 $p_{st} = |\,p_{st1}\,| - 0.81634\,|\,p_{stj}\,|$

（3）驱动功率 P：

$$P = Mn/9.550$$

式中：M 为扭矩，N·m；n 为风扇转速，r/min。

（4）静压效率 η_{st}：

$$\eta_{st} = p_{st}Q/3600P$$

六、实验报告

（1）实验目的。

（2）实验设备。

（3）实验步骤。

（4）将实验测试数据及处理结果填入风扇性能特性试验分析表与阻力特性试验分析表中（表 17-3-1）。

表 17-3-1 柴油机冷却风扇性能特性试验与阻力特性试验分析表

大气状态：$p_0 = $ _____ Pa；$T_0 = $ _____ K；$\varphi = $ _____ %； 试验日期： 年 月 日

$n_0/$ (r/min)	编号	$n/$ (r/min)	$p_{stj}/$ Pa	$p_{st1}/$ Pa	$N_1/$ (N·m)	$N_0/$ (N·m)	$P/$ W	$Q/$ (m³/h)	$p_{st}/$ Pa	$\eta_{st}/$ %
1500	1									
	2									
	3									
	4									
	5									
	6									
	7									
2000	1									
	2									
	3									
	4									
	5									
	6									
	7									
2500	1									
	2									
	3									
	4									
	5									
	6									
	7									
3000	1									
	2									
	3									
	4									
	5									
	6									
	7									

续表

$n_0/$ (r/min)	编号	$n/$ (r/min)	$p_{stj}/$ Pa	$p_{st1}/$ Pa	$N_1/$ (N·m)	$N_0/$ (N·m)	$P/$ W	$Q/$ (m³/h)	$p_{st}/$ Pa	$\eta_{st}/$ %
3600	1									
	2									
	3									
	4									
	5									
	6									
	7									

试验人员：

（5）绘出风扇性能特性与阻力特性曲线。

（6）写出实验结论。

实验四　发动机综合性能分析实验

一、实验目的

（1）掌握柴油机负荷特性的实验方法及通过实验所绘制的曲线评定实验所用的发动机功率标定是否合理。

（2）掌握柴油机万有特性曲线绘制方法，并通过万有特性曲线分析发动机性能的好坏。

二、实验原理

负荷特性是指内燃机转速一定，发动机每小时耗油量 G_r、燃油消耗率 g_e、排气温度 T_r、烟度 R 等随负荷改变的关系，见图 17-4-1。

负荷特性表示发动机转速一定、负荷不同时的经济性与动力性。对于固定式的发动机，只测标定转速下负荷特性，而对于车用发动机则需测出不同转速下的负荷特性。负荷特性是标志柴油机动力性和经济性的基本特性，它表明在标定转速下，各种不同负荷时的燃油消耗率 g_e 随 P_e 变化的关系。通过特性曲线可以找出柴油机所能达到的最大功率 P_{emax} 和最低燃油消耗率 g_{emin}，还可用来评价标定工况下的经济性，判断功率标定的合理性以及有关调整的正确性。

万有特性是反映发动机 3 个或 3 个以

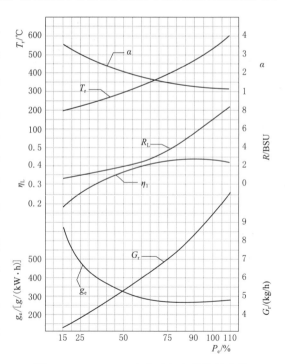

图 17-4-1　485QA 柴油机负荷特性曲线

上参数之间的关系，又称为多参数特性曲线，可以全面反映和评价发动机特性，万有特性曲线以转速为横坐标、发动机功率为纵坐标，在图上绘制发动机等油耗率、等功率曲线。

三、实验设备

本实验在 GW10 电涡流测功机试验台架上进行，实验设备为 CZ175F 柴油机及台架所配备的设备。

四、实验步骤

（1）打开电源水源开关，起动柴油机逐步将发动机转速升高至标定转速，并使之稳定运转。

（2）稍加负荷，待达到稳定的热状态后开始实验，分别取标定功率的 25％、50％、75％、90％、100％、110％等不同的工况并逐步增加负荷，在实验中每调节一次负荷，应同时改变调速手柄的位置，使发动机转速保持不变。

（3）在每一个工况下，分别测出发动机转速 n、扭矩 M_e、功率 P_e、燃油消耗率 g_e、机油温度 t_1、排气温度 t_r、排气烟度 R、环境温度 T_2、环境相对湿度 Φ 等各项参数，在测完 110％负荷后，再测量 1～2 个点，直至调速手柄已经与最高限速螺钉相碰，并且再稍加负荷转速就要下降为止，找出极限功率及冒烟极限点，对标定功率可按实验时的环境状况修正到标准环境状况下的值。

（4）各工况点测试完毕后卸下发动机负荷，怠速运转发动机一定时间后停机。

（5）关掉电源、水源、整理数据，清理实验环境。

测出不少于 5 条柴油机不同转速下的负荷特性曲线并可整理出万有特性曲线。

五、实验报告

实验报告包括以下内容。

（1）实验目的。

（2）实验设备。

（3）简述实验步骤。

（4）实验数据记录表。

（5）绘制曲线。

1）绘出 G_b、g_e、$T_r = f(P_e)$。

2）利用油耗线法求不同转速对柴油的机械损失功率及机械功率，并作出 N_m、$\eta_m = f(n)$ 曲线。

六、实验结果及分析讨论

（1）由曲线找出发动机的最大功率 P_{emax}，最低燃油消耗率 g_{emin}，最经济功率及冒烟极限点。

（2）判断发动机的功率标定是否合理。

实验五　柴油机调速特性实验

一、实验目的

（1）掌握通过测功机等试验设备测量柴油机的速度特性的方法。

（2）了解试验中对柴油发动机功率、转矩、转速、燃油消耗率、排气温度的测量方法。

（3）通过整理试验数据点，得到柴油机的速度特性曲线，做出相关总结分析对比。

（4）分析柴油机速度特性曲线的变化规律及变化趋势，并分析原因。

二、实验原理

柴油速度特性的实验基于发动机速度特性的定义，即保持发动机节气门或者是油量调节位置不变，发动机的性能指标和特性参数（主要指功率、转矩、燃油消耗率、进气量、排气温度、充量系数）随发动机转速的变化规律。实验基于负载系统的 6 种控制模式：①恒扭矩/恒转速控制（M/n）；②恒转速/恒扭矩控制（n/M）；③恒扭矩/恒油门位置控制（M/P）；④恒转速/恒油门位置控制（n/P）；⑤恒位置/恒油门位置控制（P_1/P）；⑥恒扭矩/恒转速（M/n_2）。首先选择油门到指定的开度，然后不断改变负荷转速测得数据。

三、实验对象主要技术参数

实验对象主要技术参数见表 17-5-1。

四、实验设备

本实验在 GW10 电涡流测功机试验台架上进行，实验设备为 H14 柴油机及台架所配备的设备。

1. 具体操作

（1）打开电源水源开关，起动柴油机逐步将发动机转速升高至标定转速，并使之稳定运转。

（2）卸下负载，切换到 n/P 模式；不断改变发动机转速，从 2400r/min 每隔 20r/min 测一个数据，直到转速降到 2200r/min。

表 17-5-1　　　　实验对象主要技术参数

名　称	型号与参数
机型	H14
型式	卧式、单缸、水冷、四冲程
缸径/冲程/mm	95/98
排量	0.694
燃烧室型式	直接喷射
额定功率/kW(ps)	9.7
额定转速/(r/min)	2400
燃油消耗率/[g/(kW·h)]	<245
冷却方式	水冷蒸发
净质量/kg	102

（3）实验中记录下每个转速点下的燃油消耗率、功率、扭矩、空气流量、排气温度等数据。

（4）各工况点测试完毕后卸下发动机负荷，怠速运转发动机一定时间后停机。

（5）关掉电源、水源、整理数据，清理实验环境。

2. 记录数据（表 17-5-2）及注意事项

（1）实验前先需要预热发动机，使发动机的运行达到稳定工况方可进行试验。

表 17-5-2　　　　　　　　　实 验 数 据 记 录

序号	转速 n /(r/min)	功率 P_e/kW	燃油消耗率 g_e/[g/(kW·h)]	扭矩 T /(N·m)	排气温度 t_r/℃	空气流量 G_a /(kg/h)

续表

序号	转速 n /(r/min)	功率 P_e/kW	燃油消耗率 g_e/[g/(kW·h)]	扭矩 T /(N·m)	排气温度 t_r/℃	空气流量 G_a /(kg/h)

（2）在每次改变转速之后，系统都需要一定的时间达到稳定的状态，所以每次改变 n 之后都需要等待一段时间，等参数稳定之后方可进行记录。

五、实验报告

实验报告包括以下内容。

（1）实验目的。

（2）实验设备。

（3）简述实验步骤。

（4）实验数据记录表。

（5）绘制曲线。分别绘制转速-转矩曲线、转速-功率曲线、转速-空燃比曲线、转速-燃油消耗量曲线。

六、实验结果及分析讨论

（1）由曲线找出发动机的最大功率 P_{emax}、最低燃油消耗率 g_{emin}、最经济功率及冒烟极限点。

（2）判断发动机的功率标定是否合理。

实验六 风冷发动机气缸盖温度场实验

一、实验目的

（1）了解柴油机气缸盖热负荷状态情况，进行不同冷却系统的对比实验，探索应用单金属气缸的可行性。

（2）学会铜-康铜热电偶的制作与标定，掌握热电偶的冷端补偿方法，学会电位差计的使用。

二、实验使用设备

本实验使用设备有 GW16 电涡流测功机台架、CZ175F 柴油机、铜-康铜热电偶、UJ37 电位差计、电容冲击焊接仪。

三、测点布置与实验方法

按图 17-6-1、图 17-6-2 所示分别在 CZ175F 柴油机气缸盖、气缸套上各布置 6 个测量点，分别标记为 1-6、7-12，将自制的等长铜-康铜热电偶用电容冲击焊焊到测点，各测点距被测内壁表面 1.8mm，并用环氧树脂胶牢固。铜-康铜热电偶测温采用冷端补偿。测量时读出各测量点毫伏值，再利用已标定的热工参数表查出温度值，误差不大于 3℃，每个测点循环进行二次测量，即第一次测量所有测点数值后，再重复测试一次，然后取平均值。测点布置如图 17-6-1 及图 17-6-2 所示。

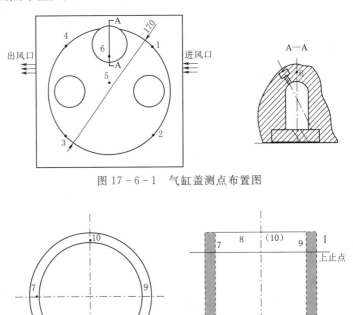

图 17-6-1 气缸盖测点布置图

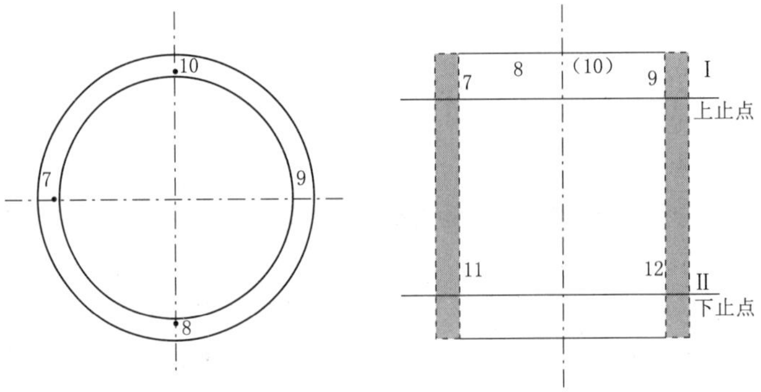

图 17-6-2 气缸套测点布置图

四、实验步骤

（1）将焊好热电偶的气缸套与气缸盖装在实验柴油机上，调整好柴油机的各项参数，使柴油机正常工作，检查各热电偶是否正常工作，有无断路、短路现象。

（2）打开各仪器电源、水源开关，起动柴油机逐步将柴油机的转速升高到工作转速，并使之稳定运转。

（3）稍加负荷，待柴油机达到稳定的热状态后开始实验，分别按标定功率的 50%、75%、90%、100%、110% 等不同的工况逐步增加负荷，在每一个工况下待柴油机工作稳定后分别测出发动机转速 n、有效功率 P_e、燃油消耗率 g_e、机油温度 t_m、排气温度 t_r 及各热电偶的电压毫伏值等各项参数。

（4）各工况测试完成后，卸下发动机负荷，怠速运转后停机。

（5）关闭各仪器电源开关，关闭水源，实验结束。

五、实验数据处理及结论

（1）将测试所得发动机各工况下的性能参数及各热电偶电压毫伏值对应的温度值填写到实验数据记录表中（表 17-6-1）。

表 17 - 6 - 1　　**CZ175F 柴油机气缸盖温度场实验数据记录表**

实　验　项　目	气缸盖温度场实验				
转速 n/(r/min)					
有效功率 P_e/kW					
负荷百分数/%					
燃油消耗率 g_e/[g/(kW·h)]					
排气温度 t_r/℃					
机油温度 t_m/℃					
测点 1					
测点 2					
测点 3					
测点 4					
测点 5					
测点 6					
测点 7					
测点 8					
测点 9					
测点 10					
测点 11					

（2）绘出气缸盖各点温度曲线。

（3）结论。

实验七　生物柴油喷雾特性可视化研究

一、实验目的

（1）分析喷射压力对喷雾宏观特性的影响。

（2）分析环境压力对喷雾宏观特性的影响。

二、实验设备

实验设备有：定容燃烧弹实验台架 1 个、温度控制系统 1 套、进排气装置 1 套、纹影系统 1 套、高速相机 1 个、供气系统 1 套、时序控制系统 1 套、高压共轨 1 套。

三、实验要求

（1）学会利用纹影法和阴影法搭建可视化平台。

（2）会采用 Photoshop 软件批量把彩图处理为灰度图片；会用 Matlab 软件批量处理图片；会用 Image 软件单张处理图片。

（3）掌握 Origin 软件绘制折线（曲线）图处理实验数据的方法。

（4）了解生物柴油的喷雾特性。

四、实验原理与内容步骤

实验开始前，按要求搭建定容燃烧弹实验台架（图 17 - 7 - 1），调试纹影系统（图 17 - 7 - 2），利用阴影法布置光路（图 17 - 7 - 3），相机成像调节（图 17 - 7 - 4）。

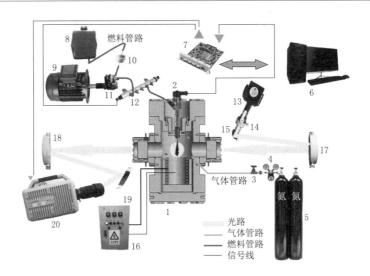

图 17 - 7 - 1　定容燃烧弹实验台架

1—定容燃烧弹；2—喷油器；3—进气阀；4—减压阀；5—压缩氮气；6—PC机；7—控制柜；8—油箱；
9—油泵；10—滤清器；11—高压油泵；12—高压共轨；13—光源；14—狭缝；15—小反射镜 A；
16—控温柜；17—大反射镜 A；18—大反射镜 B；19—小反射镜 B；20—高速相机

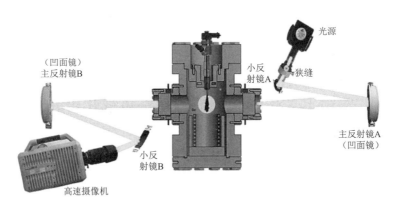

图 17 - 7 - 2　调试纹影系统

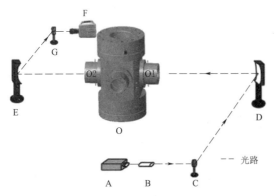

图 17 - 7 - 3　阴影法布局图

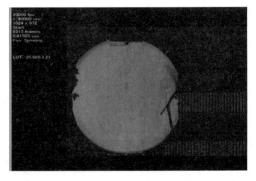

图 17 - 7 - 4　相机成像调节

定容燃烧弹纹影设备的位置摆放主要利用 2 次单侧激光定心和测量的方式。通常是在容弹视窗中间测量区域填充两个圆形硬纸板，然后在硬纸板中心位置打直径约为 2mm 的圆孔，依次记为 O1 和 O2，O1 和 O2 作为激光通道。

第一步：调节纹影设备的高度，该高度与 O1 和 O2 到地面的高度保持一致。

第二步：调节纹影设备位置，距离调节依据纹影参数，方位调节保持光源滑座和成像滑座与中心线 O1 和 O2 角度大致为 30°～45°（这个角度依据实验室的空间而定）。

第三步：激光定心，在 EO 段用激光打入 O2，调节激光使其光线从 O1 打出，调节主反射镜 D 使其光线打在圆心位置并反射在小反射镜 C 的中心位置，再调节小反射镜 C 使其光线穿过狭缝 B 打在光源 A 的中心位置；在 OD 段用激光笔再次打入 O1，调节激光使其光线从 O2 打出，调节主反射镜 E 使其光线打在圆心位置并反射在小反射镜 G 的中心位置，再调节小反射镜 G 使其光线打在相机 F 镜头的中心位置，经过上述的调节才可以保证光源 A 发出的光经过狭缝 B 依次打在小反射镜 C 和主反射镜 D 的中心位置，然后光线穿过 O1 和 O2 流场，依次打在主反射镜 E、小反射镜 G 和相机 F 镜头的中心位置，原理布局如图 17 - 7 - 3 所示。

（1）相机数值设定。高速摄像机在拍摄生物柴油喷雾时的帧速为 20000fps，快门帧速为拍摄帧速的两倍，通常设定为 40000fps。设定不同参数后必须点击黑平衡一次，或者每次拍摄前实施黑平衡一次，这样可以拍出更佳的画质。

（2）相机成像调试。调试原则：先调光圈、再调粗焦距、最后细焦距，达到的效果为：视窗画面尽量铺满整个照片，调试效果如图 17 - 7 - 4 所示。

在调试好纹影法和阴影法布置的光路后，要进行最后的换油工作。

（1）清理油箱、油泵和高压共轨里边的柴油。

（2）对油路进行清洗并更换新的滤清器。

（3）换生物柴油，然后启动实验台架反复喷射 500 次左右，以排尽喷油器内残余的柴油。

利用气体供给系统给生物柴油提供 3 组环境压力（1.2MPa、1.8MPa、2.5MPa），利用高压共轨系统给生物柴油提供 3 组喷射压力（40MPa、80MPa、120MPa），利用容弹控制系统给生物柴油提供 0.8ms 的喷油脉宽。研究上述多种工况下的生物柴油的喷雾特性，为了实验数据的准确性，每次实验重复做 5 次，然后取 5 次实验参数的平均值。

五、实验数据处理

为了能够利用 Matlab 获取到清晰的边界，需要把拍摄的彩色图的格式批量转化为二值图，如图 17 - 7 - 5 所示，图 17 - 7 - 6 为生物柴油 0.1～0.8ms 喷雾的发展形态，图 17 - 7 - 7 为喷雾贯穿距离和喷雾锥角的定义。喷嘴出口中心点到燃料液滴所达的最远点之间的垂直距离定义为喷雾贯穿距离 S，喷雾贯穿距离 1/2 处燃料雾束面积相等的等腰三角形的顶角定义为喷雾锥角 θ，有效喷雾锥体中最大的截面积定义为喷雾投影面积。

将测量所得的喷雾特性数值记录在表 17 - 7 - 1 中，记录实验时的环境背压与喷射压力并绘制在不同工况下生物柴油的喷射压力随时间的变化曲线。

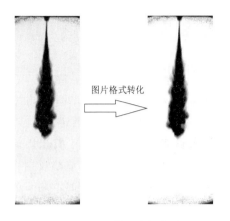

图片格式转化

图 17 - 7 - 5　图像格式转化处理

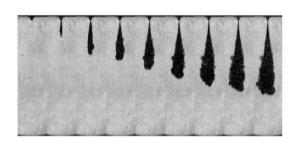

图 17 - 7 - 6　喷雾发展形态

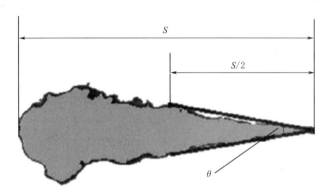

图 17 - 7 - 7　喷雾贯穿距离和喷雾锥角的定义

表 17 - 7 - 1　　　　　　　　　　　　　喷雾特性可视化实验

参　数			时　间							
			0.1ms	0.2ms	0.3ms	0.4ms	0.5ms	0.6ms	0.7ms	0.8ms
环境背压	1.2MPa	喷雾贯穿距/mm								
		喷雾锥角/(°)								
		喷雾面积/mm²								
	1.8MPa	喷雾贯穿距/mm								
		喷雾锥角/(°)								
		喷雾面积/mm²								
	2.5MPa	喷雾贯穿距/mm								
		喷雾锥角/(°)								
		喷雾面积/mm²								
喷射压力	40MPa	喷雾贯穿距/mm								
		喷雾锥角/(°)								
		喷雾面积/mm²								

续表

参　数			时　间							
			0.1ms	0.2ms	0.3ms	0.4ms	0.5ms	0.6ms	0.7ms	0.8ms
喷射压力	80MPa	喷雾贯穿距/mm								
		喷雾锥角/(°)								
		喷雾面积/mm²								
	120MPa	喷雾贯穿距/mm								
		喷雾锥角/(°)								
		喷雾面积/mm²								

六、讨论与思考

(1) 影响燃料喷雾特性的因素有哪些？

(2) 提高环境背压对燃料喷雾特性有什么影响？

(3) 提高喷射压力对燃料喷雾特性有什么影响？

实验八　柴油机烟度实验

一、实验目的

(1) 学习柴油机排气烟度的测定方法。

(2) 学习掌握不透光式烟度计的基本工作原理和使用方法。

(3) 了解不透光式烟度计结构及其工作原理与用途；熟练掌握测量柴油机自由加速烟度的操作方法。

二、实验设备

本实验使用设备包括 GW16 电涡流测功机试验台架、186F 柴油机、NHT - 6 型不透光度计、专用排气管。

三、实验步骤

1. 实验准备

(1) 将 NHT - 6 型不透光度计的取样探头的导管套在测量单元的排烟管出口处，并且拧紧导管卡箍上的螺钉，防止结合部漏气。

(2) 用 NHT - 6 型不透光度计的测量信号电缆连接测量单元与控制单元的测量信号接口。

(3) 用 NHT - 6 型不透光度计的电源电缆连接测量单元的电源输入插座及控制单元的电源输出插座。

(4) 将 NHT - 6 型不透光度计的测量单元与废气排放方向保持 90°直角放置，测量过程中不能倒置或倾倒。

2. 仪器预热与校准

(1) 接通 NHT - 6 型不透光度计电源开关，仪器预热 15min 后，仪器将进行自动校准，并进入"主菜单"。

（2）仪器预热期间，取样探头不能放入发动机排气管中，而应放在外部新鲜的空气中，以保证仪器预热后能正确自动校准。

3．烟度测试

（1）打开电源水源开关，起动柴油机逐步将发动机转速升高至标定转速 2600r/min，并使之稳定运转。

（2）仪器预热校准完成后将 NHT‑6 型不透光度计的探头插入发动机排气管内，探头插入深度不少于 30cm，探头轴心线尽量与排气管轴心线平行，在主菜单中选择"实时测试"模式。

（3）稍加负荷，待发动机达到稳定的热状态后开始实验，实验时发动机的转速保持不变，分别将发动机的扭矩调至 2N·m、4N·m、6N·m、8N·m、10N·m、12N·m、14N·m。

（4）在每一工况下，在发动机工况稳定后，记录发动机排烟的不透光度 N 与光吸收系数 K、发动机转速 n、扭矩 M_e、有效功率 P_e、燃油消耗率 g_e、机油温度 t_m、排气温度 t_r 等各项参数，每一工况下连续测量 3 次，取 3 次相近数据的平均值，将实验数据填入数据记录表格 17‑8‑1 中。

（5）实验完成后卸下发动机的负荷，将发动机转速慢慢调至怠速运转 5min 后停机，关掉发动机实验台架与烟度计电源开关，关掉测功机水源开关。

四、实验数据处理及结论

（1）将所测数据填入发动机性能实验数据记录表 17‑8‑1 中。

表 17‑8‑1　　　　　　　　　　发动机性能实验数据记录表

发动机型号：　　　　实验日期：　　　　　　实验地点：　　　　实验人员：

设定扭矩		测 量 参 数									
		发动机转速 n /(r/min)	有效功率 P_e/kW	扭矩 M_e/ (N·m)	燃油消耗率 g_e/[g /(kW·h)]	燃油消耗量 G_t/ (kg/h)	机油温度 t_m/℃	排气温度 t_r/℃	进水温度 t_1/℃	出水温度 t_2/℃	排气烟度	
											不透光度 N	光吸收系数 K
2N·m	1											
	2											
	3											
4N·m	1											
	2											
	3											
6N·m	1											
	2											
	3											
8N·m	1											
	2											
	3											

续表

设定扭矩		测 量 参 数									排气烟度	
		发动机转速 n /(r/min)	有效功率 P_e/kW	扭矩 M_e/ (N·m)	燃油消耗率 g_e/[g /(kW·h)]	燃油消耗量 G_t/ (kg/h)	机油温度 t_m/℃	排气温度 t_r/℃	进水温度 t_1/℃	出水温度 t_2/℃	不透光度 N	光吸收系数 K
10N·m	1											
	2											
	3											
12N·m	1											
	2											
	3											
14N·m	1											
	2											
	3											

（2）根据实验数据绘制实验曲线。

（3）按要求完成实验报告。

五、实验注意事项

（1）确保通风良好。

（2）确保发动机固定不动。

（3）确保接线处无损伤和接触良好。

（4）实验后要做好清洁工作，应及时用清水和干净的抹布清洁取样探头、导管的内部和外部。

实验九 柴油机消声器消声特性研究

一、实验目的

（1）正确掌握发动机实验台架及空间五点法测量柴油机排气噪声频谱特性的原理与方法，熟悉进行实验时所需要的仪器设备。

（2）通过对所测数据进行处理，分析柴油机消声器的消声特性。

二、消声器插入损失的概念

内燃机工作时，消声器安装前后，由管口向外辐射噪声的声功率之差定义为插入损失。假定安装消声器之前和安装消声器之后声场的分布相同，插入损失就是在测量点处是否安装消声器所测得的声压级之差：

$$IL = L_{p_1} - L_{p_2} \tag{17-9-1}$$

由于安装消声器前后管道系统出口处的声辐射阻抗基本保持不变，插入损失也可以表示成

$$IL = 20\lg|p_1/p_2| \qquad (17-9-2)$$

式中：p_1、p_2 为安装消声器前后管道系统出口处的声压；IL 为插入损失。

三、排气噪声的测定方法

测定方法采用空间五点法。搭建柴油机排气噪声空间五点法测试台架（图 17-9-1），以直通管出口排气噪声作为近似点声源，建立近似球面波声场，在声源径向 1m、周向 $180°$ 范围内均布 5 个测点布置 HS5670 脉冲积分声级计，测量柴油机排气噪声声压值，并对 5 个测点处不同工况下柴油机排气噪声 1/3 倍频程 A 计权声压级（简称 AP）逐一测量。

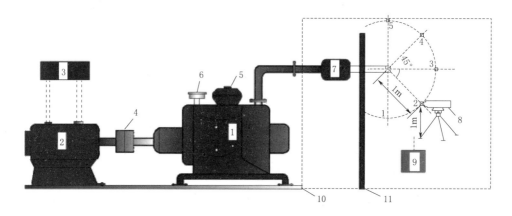

图 17-9-1 柴油机排气噪声空间五点法测试台架示意图

1—柴油机；2—水力测功机；3—FC2000 测控系统；4—联轴器；5—油箱；6—空气滤清器；7—排气消声器；8—声级计；9—频谱分析仪；10—测试台架基座；11—隔音板

四、实验步骤及数据记录

（1）搭建柴油机试验台架（图 17-9-2），布置噪声测试仪器（图 17-9-3），调试检查各设备是否正常。

（2）启动柴油机，对其进行预热准备，通过发动机测控系统（图 17-9-4）设定工况参数，随后进行数据采集；本实验主要采集频率范围为 25～8000Hz，记录 1/3 倍频程

 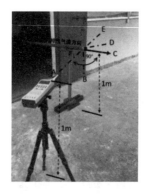 

图 17-9-2 柴油机试验台架　　图 17-9-3 噪声测试仪器　　图 17-9-4 发动机测控系统

中心频率处声级及 A 计权声压级；发动机载荷范围为 2～14N·m，以 4N·m 载荷递增，转速范围为 1200～2000r/min，以 400r/min 转速递增，并将数据记录在表 17-9-1 中。

表 17-9-1　25～8000Hz 频率范围内不同扭矩工况下排气噪声声压级记录表

发动机型号：　　　　实验日期：　　　　实验地点：　　　　实验人员：

大气温度：　　　　大气压力：　　　　相对湿度：　　　　测点：

AP	扭　矩			
	2N·m	6N·m	10N·m	14N·m
25Hz				
31.5Hz				
40Hz				
50Hz				
63Hz				
80Hz				
100Hz				
125Hz				
160Hz				
200Hz				
250Hz				
315Hz				
400Hz				
500Hz				
630Hz				
800Hz				
1000Hz				
1250Hz				
1600Hz				
2000Hz				
2500Hz				
3150Hz				
4000Hz				
5000Hz				
6300Hz				
8000Hz				

（3）按照上述步骤首先进行安装消声器的噪声测量，再用与消声器管径和长度相同的直管代替消声器进行噪声测量。

（4）整理现场设备，清理实验场所，关闭水力测功机进水开关以及各实验仪器，分析实验数据，根据式（17-9-1）以及式（17-9-2）计算消声器的插入损失。

五、实验时注意事项

（1）实验时发动机起动前应注意各连接件的紧固，联轴器法兰盘应用防护罩盖住。

（2）检查发动机皮带张紧情况，以防止在发动机运行过程中皮带甩出。

（3）确保声级计测点与排气尾管出口间位置的准确布置。

（4）在测量时需利用直管道将排气引出封闭实验室，所以在消声器消声性能实验测量时，要保证消声器与直管道连接的紧密性，同时避免消声器振动引起额外噪声。

实验十　汽油车双怠速排放实验

一、实验目的及要求

（1）熟悉双怠速实验条件及方法，并掌握排气分析仪的用法。

（2）加深对汽油车怠速排放相关知识的理解。

（3）测定常规怠速（油门全关）下的 CO 和 HC 的排放量。

（4）测定高怠速（2000r/min）下的 CO、HC 和 CO_2 并计算 λ 值。

二、实验设备

1. 实验汽车

汽车的机械状况应良好，应至少磨合行驶 3000km，排气系统不得有任何泄露，以免减少发动机排出气体的收集量。检查进气系统的密封性，以保证汽化过程不会因意外的进气而受到影响。发动机和汽车控制装置的设定应符合制造厂的规定。

2. 燃料

本实验采用 95 号无铅汽油。

3. 排气取样系统

排气取样系统的主要部件至少应包括：取样探头、取样软管、取样袋（取样袋的材料应保证在储存污染气体 20min 后，污染气体浓度变化不超过 ±2%）、颗粒物过滤器、水分离器、[CO] 传感器、[CO_2] 传感器、[HC] 传感器、[O_2] 传感器、气体压力传感器（或流量计）、相应的可控电磁阀或可控泵、标定端口、检查端口、发动机转速传感器（或输入端口）、机油温度传感器（或输入端口）等。

排气取样系统应能抽取被测汽车排气污染物的真实排放量。应该采用定容取样系统（CVS），这种系统要求将汽车的排气在控制的条件下用环境空气连续稀释，定容取样系统的测量概念中，应满足两个条件：应测定排气与稀释空气的混合气的总容积，并按容积比例连续收集样气进行分析。

4. 分析设备

（1）汽车排气分析仪（图 17-10-1）：可通过不分光红外线吸收（NDIR）型分析仪测量排气中 CO 和 CO_2 的成分含量，对点燃式发动机，可通过氢火焰离子化（FID）型碳氢化合物（HC）

图 17-10-1　汽车排气分析仪

分析仪测量 HC 含量，采用丙烷气体标定，以碳原子（C_1）当量表示 HC 成分含量。

（2）NO_x 分析仪：化学发光（CLA）型或非扩散紫外线谐振吸收（NDUVR）型分析仪，两者均需带有 NO_x-NO 转换器，均可测量 NO_x 含量，如图 17-10-2 所示。

（a）化学发光氮氧化物分析仪

（b）紫外烟气分析仪

图 17-10-2　NO_x 分析仪

排气污染物的质量由样气浓度确定，而样气浓度则根据环境空气中的污染物含量和实验期间的总流量加以修正。

三、实验操作要点

（1）实验期间环境温度必须为 293～303K（20～30℃）。

（2）应预热发动机直至冷却液和润滑剂的温度以及润滑剂的压力达到平衡。

（3）若汽车装有手动或半自动变速器，实验时应将变速器置于"空挡"位置，离合器应接合。

（4）若汽车装有自动变速器时，实验时应将挡位选择器置于"空挡"或"驻车"位置。

四、实验结果及讨论

1. 测定常规怠速下的 CO 和 HC

（1）首先根据制造厂规定的调整状态进行测量。

（2）对每一可连续变位的调整怠速的部件，确定足够数量的特征位置。

（3）对各调整怠速的部件所有可能存在的位置，进行排气中 CO 和 HC 含量的测量。

（4）调整怠速的部件的可能调整位置限制如下：①受限于下列两数值中较大者：发动机能够达到的最低稳定转速；制造厂推荐的转速减去 100r/min。②受限于下列三数值中最小者：用怠速调整部件跳出的，发动机所能达到的最高转速；制造厂推荐的转速加 250r/min；自动离合器切入的转速。此外，与发动机正常运行不相容的调整位置，不得作为测量位置。特别是当发动机装有一只以上的化油器时，所有化油器均必须处于同样的调整位置。

（5）气体取样：取样探头放置在连接排气和取样袋的管路中，并尽可能地接近排气，将排气样气收集在容积合适的取样袋中。

（6）确定 CO 和 HC 的浓度。根据测量仪的读数或记录数，并采用合适的标定曲线，确定 CO（C_{CO}）、HC 和 CO_2（C_{CO_2}）的浓度。

对于四冲程发动机，CO 的校正浓度是：$C_{CO校正} = C_{CO} \times 15/(C_{CO} + C_{CO_2})$（％）

对于四冲程发动机，如果测得 CO 和 CO_2 的总浓度不小于 15％，那么测得的 CO 浓度无需按上式进行校正。

将各调整位置测得的 CO 和 HC 组合值中 CO 和 HC 浓度最高值的那两个组合值记录在表 17-10-1 中，并记录实验时发动机机油温度，以及各调整位置的发动机转速范围。

2. 测定高怠速下的 CO、HC 和 CO_2 浓度并计算 λ 值

（1）将发动机的怠速转速调整到制造厂规定的高怠速转速（应不低于 2000r/min）。记录排气中的 CO、HC、CO_2 和 O_2 的浓度，根据式（17-10-1）计算 λ 值。

（2）用简化的 Brettschneider 公式计算 λ 值：

$$\lambda=\frac{[CO_2]+\dfrac{[CO]}{2}+[O_2]+\dfrac{H_{cv}}{4}\dfrac{3.5}{3.5+\dfrac{[CO]}{[CO_2]}}\dfrac{O_{cv}}{2}([CO_2]+[CO])}{1+\dfrac{H_{cv}}{4}\dfrac{O_{cv}}{2}([CO_2]+[CO]+K_1[HC])} \quad (17-10-1)$$

式中：[ ] 为浓度，%；K_1 为 NDIR 测量值转化为 FID 测量值的系数（由测量设备制造厂提供）；H_{cv} 为氢-碳原子比，汽油为 1.73，LPG 为 2.53，NG 为 4.0；O_{cv} 为氧-碳原子比，汽油为 0.02，LPG 为 0，NG 为 0。

（3）将计算所得的 λ 值记录在表 17-10-1 中，并记录实验时的发动机机油温度和发动机转速。

表 17-10-1　　　　双怠速实验数据记录表

实验内容		CO 浓度值 /%体积分数	HC 浓度值 /%体积分数×10⁻⁴	空燃比 λ	发动机转速 /(r/min)	机油温度 /℃
正常怠速实验	CO 浓度值最高的组合					
	HC 浓度值最高的组合					
高怠速实验	CO 浓度值最高的组合					
	HC 浓度值最高的组合					

五、讨论与思考

（1）影响怠速排放的因素有哪些？

（2）降低怠速排放的措施有哪些？

（3）常规怠速与高速怠速有何区别？

参 考 文 献

［1］ 刘鸿文，吕荣坤. 材料力学实验［M］. 3 版. 北京：高等教育出版社，2006.

［2］ 王海容. 工程力学［M］. 北京：中国水利水电出版社，2018.

［3］ 高为国，钟利萍. 机械工程材料［M］. 3 版. 长沙：中南大学出版社，2018.

［4］ 樊湘芳，叶江. 机械工程材料综合练习与模拟试题［M］. 长沙：中南大学出版社，2019.

［5］ 司家勇. 机械工程材料：辅导·习题·实验［M］. 长沙：中南大学出版社，2016.

［6］ 潘银松. 机械原理［M］. 重庆：重庆大学出版社，2016.

［7］ 朱双霞，张红钢. 机械设计基础［M］. 重庆：重庆大学出版社，2016.

［8］ 张歧生. 机械工程实验［M］. 北京：人民邮电出版社，2013.

［9］ 濮良贵. 机械设计［M］. 北京：高等教育出版社，2019.

［10］ 李必文. 互换性与测量技术基础［M］. 长沙：中南大学出版社，2018.

［11］ 孔珑. 工程流体力学［M］. 北京：中国电力出版社，2014.

［12］ 张学学. 热工基础［M］. 3 版. 北京：高等教育出版社，2015.

［13］ 杨世铭. 传热学［M］. 4 版. 北京：中国电力出版社，2006.

［14］ 朱明善. 工程热力学［M］. 4 版. 北京：清华大学出版社，2011.

［15］ 江世明，许建明，李冬英. 单片机原理及应用［M］. 北京：中国水利水电出版社，2018.

［16］ 张鑫. 单片机原理及应用.［M］. 2 版. 北京：电子工业出版社，2017.

［17］ 李朝青. 单片机原理及接口技术［M］. 北京：北京航空航天大学出版社，2018.

［18］ 孙莉，蒋从根. 单片机原理及应用［M］. 北京：机械工业出版社，2017.

［19］ 朱小良. 热工测量及仪表［M］. 北京：中国电力出版社，2011.

［20］ 黄树红. 汽轮机原理［M］. 北京：中国电力出版社，2008.

［21］ 孙奉仲. 大型汽轮机运行［M］. 北京：中国电力出版社，2008.

［22］ 容銮恩. 电厂锅炉原理［M］. 北京：中国电力出版社，1997.

［23］ 冯俊凯，沈幼庭. 锅炉原理及计算［M］. 北京：科学出版社，1998.

［24］ 毛健雄. 煤的清洁燃烧［M］. 北京：科学出版社，2000.

［25］ 车德福，庄正宁，李军，等. 锅炉［M］. 西安：西安交通大学出版社，2007.

［26］ 叶江明. 电厂锅炉原理及设备［M］. 北京：中国电力出版社，2016.

［27］ 吴业正. 制冷原理及设备［M］. 西安：西安交通大学出版社，2015.

［28］ 吴业正，李红旗，张华. 制冷压缩机［M］. 北京：机械工业出版社，2017.

［29］ 贺平，孙刚，吴华新，等. 供热工程［M］. 北京：中国建筑工业出版社，2021.

［30］ 黄翔. 空调工程［M］. 3 版. 北京：机械工业出版社，2017.

［31］ 申江. 制冷装置设计［M］. 北京：机械工业出版社，2011.

［32］ 陈芝久，吴静怡. 制冷装置自动化［M］. 2 版. 北京：机械工业出版社，2010.

［33］ 杨建华，龚金科，吴义虎. 内燃机性能提高技术［M］. 北京：人民交通出版社，2000.

［34］ 王建昕，帅石金. 汽车发动机原理［M］. 北京：清华大学出版社，2011.

［35］ 林学东. 汽车发动机原理.［M］. 3 版. 北京：机械工业出版社，2012.

［36］ 吴建华，常绿，韩同群. 汽车发动机原理.［M］. 2 版. 北京：机械工业出版社，2013.

［37］ 于增信，孙莉. 汽车发动机原理［M］. 北京：机械工业出版社，2020.